国家职业技术技能标准汇编

(2021 年版)

人力资源社会保障部专业技术人员管理司　编

中国人事出版社

图书在版编目(CIP)数据

国家职业技术技能标准汇编：2021年版/人力资源社会保障部专业技术人员管理司编. --北京：中国人事出版社，2022

ISBN 978-7-5129-1734-7

Ⅰ.①国… Ⅱ.①人… Ⅲ.①工程技术-职业技能-标准-汇编-中国 Ⅳ.①TB-65

中国版本图书馆CIP数据核字(2022)第113522号

中国人事出版社出版发行

(北京市惠新东街1号 邮政编码：100029)

*

北京市科星印刷有限责任公司印刷装订 新华书店经销

787毫米×1092毫米 16开本 13.5印张 317千字

2022年8月第1版 2022年8月第1次印刷

定价：38.00元

读者服务部电话：(010) 64929211/84209101/64921644

营销中心电话：(010) 64962347

出版社网址：http://www.class.com.cn

目　录

人力资源社会保障部办公厅　工业和信息化部办公厅关于颁布智能制造工程技术人员等3个国家职业技术技能标准的通知

（人社厅发〔2021〕10号）

各省、自治区、直辖市及新疆生产建设兵团人力资源社会保障厅（局）、工业和信息化主管部门，各省、自治区、直辖市通信管理局：

根据《中华人民共和国劳动法》有关规定，人力资源社会保障部、工业和信息化部共同制定了智能制造工程技术人员、大数据工程技术人员、区块链工程技术人员等3个国家职业技术技能标准，现予颁布施行。

附件：3个国家职业技术技能标准目录

人力资源社会保障部办公厅　工业和信息化部办公厅

2021年2月3日

附件

3个国家职业技术技能标准目录

序号	职业编码	职业名称
1	2-02-07-13	智能制造工程技术人员
2	2-02-10-11	大数据工程技术人员
3	2-02-10-15	区块链工程技术人员

智能制造工程技术人员国家职业技术技能标准

（2021 年版）

1. 职业概况

1.1 职业名称

智能制造工程技术人员

1.2 职业编码

2-02-07-13

1.3 职业定义

从事智能制造相关技术的研究、开发，对智能制造装备、生产线进行设计、安装、调试、管控和应用的工程技术人员。

1.4 专业技术等级

本职业共设三个等级，分别为初级、中级和高级。

初级和中级分为四个职业方向：智能装备与产线开发、智能装备与产线应用、智能生产管控、装备与产线智能运维。

高级分为五个职业方向：智能制造系统架构构建、智能装备与产线开发、智能装备与产线应用、智能生产管控、装备与产线智能运维。

1.5 职业环境条件

室内，常温。

1.6 职业能力特征

具有一定的学习能力、计算能力、表达能力和空间感。

1.7 普通受教育程度

大学专科学历（或高等职业学校毕业）。

1.8 职业培训要求

1.8.1 培训期限

智能制造工程技术人员需按照本《标准》的职业要求参加有关课程培训，完成规定学时，取得学时证明。初级、中级 90 标准学时，高级 80 标准学时。

1.8.2 培训教师

承担初级、中级理论知识或专业能力培训任务的人员，应具有相关职业中级及以上专业技术等级或相关专业中级及以上职称。

承担高级理论知识或专业能力培训任务的人员，应具有相关职业高级专业技术等级或相关专业高级职称。

1.8.3 培训场所设备

理论知识培训在标准教室或线上平台进行；专业能力培训在配备相应设备和工具（软件）系统等的实训场所、工作现场或线上平台进行。

1.9 专业技术考核要求

1.9.1 考核申报条件

——取得初级培训学时证明，并具备以下条件之一者，可申报初级专业技术等级：

（1）取得技术员职称。

（2）具备相关专业大学本科及以上学历（含在读的应届毕业生）。

（3）具备相关专业大学专科学历，从事本职业技术工作满 1 年。

（4）技工院校毕业生按国家有关规定申报。

——取得中级培训学时证明，并具备以下条件之一者，可申报中级专业技术等级：

（1）取得助理工程师职称后，从事本职业技术工作满 2 年。

（2）具备大学本科学历，或学士学位，或大学专科学历，取得初级专业技术等级后，从事本职业技术工作满 3 年。

（3）具备硕士学位或第二学士学位，取得初级专业技术等级后，从事本职业技术工作满 1 年。

（4）具备相关专业博士学位。

（5）技工院校毕业生按国家有关规定申报。

——取得高级培训学时证明，并具备以下条件之一者，可申报高级专业技术等级：

（1）取得工程师职称后，从事本职业技术工作满 3 年。

（2）具备硕士学位，或第二学士学位，或大学本科学历，或学士学位，取得中级专业技术等级后，从事本职业技术工作满 4 年。

（3）具备博士学位，取得中级专业技术等级后，从事本职业技术工作满 1 年。

（4）技工院校毕业生按国家有关规定申报。

1.9.2 考核方式

从理论知识和专业能力两个维度进行考核，分别采用笔试考核和实践考核的方式进行。各项考核均实行百分制，成绩皆达 60 分（含）以上者为合格。考核合格者获得相应专业技术等级证书。

理论知识考核采用笔试的方式进行，主要考查智能制造工程技术人员从事本职业应掌握的基础知识和专业知识。专业能力考核采用方案设计、实际操作/虚拟仿真等实践考核方式进行，主要考查智能制造工程技术人员从事本职业应具备的实际工作能力。

1.9.3 监考人员、考评人员与考生配比

理论知识考核中的监考人员与考生配比不低于 1∶15，且每个考场不少于 2 名监考人员；专业能力考核中的考评人员与考生配比为 1∶5，且每场考核考评人员为 3 人及以上单数。

1.9.4 考核时间

理论知识考核时间不少于 120 min；专业能力考核时间：初级不少于 60 min，中级不少于 90 min，高级不少于 120 min。

1.9.5 考核场所设备

理论知识考试在标准教室内进行，专业能力考核在配备符合相应等级专业技术考核的设备和工具（软件）系统等的实训场所、工作现场或线上平台进行。

2. 基本要求

2.1 职业道德

2.1.1 职业道德基本知识

2.1.2 职业守则

（1）爱国敬业，践行社会主义核心价值观。
（2）恪守职责，遵守有关法律法规和行业相关标准。
（3）诚实守信，承担自身能力范围与专业领域内的工作。
（4）终身学习，不断提高自身的工程能力与业务水平。
（5）服务社会，为大众福祉、健康、安全与可持续发展提供支持。
（6）严于律己，保守国家秘密、技术秘密和商业秘密。
（7）清正廉洁，反对渎职行为和腐败行为。

2.2 基础知识

2.2.1 基本理论知识

（1）制造工程基础知识。
1）工程力学。
2）机械设计原理与方法。
3）机械制造原理与方法。
（2）网络与计算机工程基础知识。

1）程序设计。
2）软件工程。
3）通信与计算机网络。
（3）电子工程与自动化基础知识。
1）电工电子技术。
2）传感器与检测技术。
3）控制工程基础。

2.2.2 安全文明生产、环境保护知识

（1）生产现场管理方法。
（2）职业健康与职业安全。
（3）环境与可持续发展。

2.2.3 质量管理知识

（1）企业质量管理体系。
（2）产品和工作质量要求。
（3）产品和工作质量保证措施与责任。

2.2.4 知识产权保护知识

（1）专利权保护。
（2）著作权保护。
（3）商业秘密保护。
（4）反不正当竞争。

2.2.5 相关法律、法规知识

（1）《中华人民共和国劳动法》相关知识。
（2）《中华人民共和国产品质量法》相关知识。
（3）《中华人民共和国标准化法》相关知识。
（4）《中华人民共和国安全生产法》相关知识。
（5）《中华人民共和国专利法》相关知识。
（6）《中华人民共和国著作权法》相关知识。

3. 工作要求

本标准对初级、中级、高级的专业能力要求及相关知识要求依次递进，高级别涵盖低级别的要求。

3.1 初级

智能制造共性技术运用、智能制造咨询与服务为共性职业功能。不同职业方向在智能装

备与产线开发、智能装备与产线应用、智能生产管控、装备与产线智能运维中选择其对应的职业功能。

职业功能	工作内容	专业能力要求	相关知识要求
1. 智能制造共性技术运用	1.1 运用智能赋能技术	1.1.1 能运用工业互联网、工业大数据和工业人工智能等智能赋能技术，解决智能制造相关单元模块的工程问题 1.1.2 能掌握网络安全基本要素，并按照网络安全规范进行安全操作	1.1.1 工业互联网基本架构、工业大数据、工业人工智能技术基础 1.1.2 数据采集、处理技术与应用 1.1.3 常用网络设备的应用技术、数据库应用技术、服务器技术与应用
	1.2 选择和使用工业软件及仿真技术	1.2.1 能运用工业软件、建模与仿真技术，进行智能制造单元模块的数字化产品设计与开发 1.2.2 能运用工业软件和仿真技术进行智能制造单元模块的产品工艺设计与制造	1.2.1 建模与仿真技术应用方法 1.2.2 CAD/CAE/CAM① 等工业软件使用方法
	1.3 运用智能制造体系架构构建方法和质量管理、精益生产管理方法	1.3.1 能按照智能制造体系架构的要求进行智能制造单元级的建设与集成 1.3.2 能运用质量管理、精益生产管理等方法进行智能制造系统单元级的管理与运行	1.3.1 智能制造体系、质量管理、精益生产与管理基础 1.3.2 智能制造信息系统与集成技术基础
2. 智能装备与产线开发	2.1 进行智能装备与产线单元模块的功能设计	2.1.1 能进行智能装备与产线单元模块的功能设计 2.1.2 能进行智能装备与产线单元模块的三维建模 2.1.3 能进行智能装备与产线单元模块的选型 2.1.4 能进行智能装备与产线单元模块功能的安全操作设计	2.1.1 现代设计理论与方法基础，包括 MBD/DFX/QFD 理念和方法、模块化设计方法等 2.1.2 数字制造技术基础，包括数控加工、机器人、增材制造等 2.1.3 网络与通信技术基础，包括传感、通信协议、通信接口、物理安全、功能安全、信息安全等 2.1.4 CPS 基本构成与功能、嵌入式系统、物联网技术基础 2.1.5 智能产线技术基础，包括执行机构、运动控制等基础

① 本《标准》涉及术语定义详见附录。

续表

职业功能	工作内容	专业能力要求	相关知识要求
2. 智能装备与产线开发	2.2 设计智能装备与产线单元模块的生产工艺	2.2.1 能进行智能装备与产线单元模块的工艺设计与仿真 2.2.2 能开发智能装备与产线单元模块的控制系统	2.2.1 工艺设计基础与仿真技术 2.2.2 CAPP 等辅助工艺设计工业软件应用方法 2.2.3 可编程逻辑控制器（PLC）技术
	2.3 测试智能装备与产线的单元模块	2.3.1 能进行智能装备与产线单元模块的功能、性能测试与验证 2.3.2 能进行智能装备与产线单元模块测试结果的分析	2.3.1 虚拟仿真测试技术，包括试验仿真、虚拟测试等 2.3.2 虚实互联与调试知识 2.3.3 网络与数据安全知识 2.3.4 数据挖掘与分析方法
3. 智能装备与产线应用	3.1 设计智能装备与产线单元模块的安装、调试和部署方案	3.1.1 能进行智能装备与产线单元模块安装、调试的工艺设计与规划 3.1.2 能进行智能装备与产线单元模块安装、调试工作流程的数字化设计	3.1.1 工艺设计与规划原理基础 3.1.2 虚拟仿真调试技术基础 3.1.3 数据采集与处理技术基础
	3.2 安装、调试、部署和管控智能装备与产线的单元模块	3.2.1 能进行智能装备与产线单元模块的加工工艺编制与虚拟仿真调试 3.2.2 能进行智能装备与产线单元模块的现场安装和调试 3.2.3 能进行智能装备与产线单元模块的标准化安全操作	3.2.1 人机交互技术基础 3.2.2 智能装备与生产系统建模仿真技术基础 3.2.3 智能装备与产线现场安装与调试技术基础 3.2.4 PLC 基础应用知识
4. 智能生产管控	4.1 配置、集成智能生产管控系统和智能检测系统的单元模块	4.1.1 能根据智能生产管控系统总体集成方案进行单元模块的配置 4.1.2 能进行智能管控系统单元模块与控制系统、智能检测系统单元模块及其他工业系统的集成 4.1.3 能进行智能装备与产线单元模块操作过程中的安全管控	4.1.1 系统理论与工程基础 4.1.2 精益生产与管理方法、物流仓储管理、质量体系、人因工程等基础 4.1.3 智能生产运营管控技术基础，包括 PLM、ERP、MOM/MES、SCADA 等软件系统以及生产系统建模与仿真等技术基础 4.1.4 系统集成技术基础，包括 API 接口、信息交互模式等基础

续表

职业功能	工作内容	专业能力要求	相关知识要求
4. 智能生产管控	4.2 监测智能生产管控系统的单元模块，并进行数据分析	4.2.1 能进行单元模块数据的采集和监测 4.2.2 能进行单元模块数据的分析	4.2.1 生产计划与调度技术基础 4.2.2 机器视觉与图像处理技术基础 4.2.3 工业数据分析技术基础，包括设备运行数据分析、质量数据分析基础等
5. 装备与产线智能运维	5.1 配置、集成智能运维系统的单元模块	5.1.1 能进行智能运维系统单元模块的配置 5.1.2 能进行智能运维系统单元模块的集成	5.1.1 运维系统参数配置、网络配置接口协议等技术基础 5.1.2 基础机械信号、电信号与数控系统数据的采集、传输、存储、处理等技术基础 5.1.3 智能运维系统单元模块集成技术，包括 API、通信协议、数据格式等
	5.2 实施装备与产线的监测与运维	5.2.1 能进行智能运维系统单元模块与装备及产线的集成 5.2.2 能进行装备与产线单元模块的维护作业 5.2.3 能进行装备与产线单元模块的故障告警安全操作	5.2.1 系统监控、故障监测、健康管理等技术基础 5.2.2 装备建模与维修作业仿真基础 5.2.3 运维系统维护与日常管理基础 5.2.4 故障诊断原理、知识工程基础
6. 智能制造咨询与服务	6.1 技术咨询	6.1.1 能进行智能制造单元模块的技术需求调研 6.1.2 能进行智能制造单元模块的技术评估	6.1.1 需求描述方法 6.1.2 需求分析基础 6.1.3 技术评估基本方法 6.1.4 系统分析方法基础
	6.2 技术服务	6.2.1 能进行智能制造单元模块技术的测试 6.2.2 能进行智能制造单元模块的技术实施服务	6.2.1 技术测试方法 6.2.2 集成理论基础 6.2.3 工程实施基础

3.2 中级

智能制造共性技术运用、智能制造咨询与服务为共性职业功能。不同职业方向在智能装备与产线开发、智能装备与产线应用、智能生产管控、装备与产线智能运维中选择其对应的职业功能。

职业功能	工作内容	专业能力要求	相关知识要求
1. 智能制造共性技术运用	1.1运用智能赋能技术	1.1.1能运用工业互联网、工业大数据和工业人工智能等智能赋能技术，解决智能制造子系统级的工程问题 1.1.2能运用链路安全、数据安全、网络安全等技术识别智能装备与产线运行过程中的安全问题，并指导安全生产	1.1.1工业网络与通信技术，包括工业互联网平台与架构、工业云等 1.1.2工业大数据技术 1.1.3工业人工智能，包括机器学习、自然语言处理、计算机视觉、语音识别等 1.1.4智能决策技术 1.1.5软硬件防火墙、安全隔离技术、虚拟专用网技术、病毒防护技术
	1.2选择和使用工业软件及仿真技术	1.2.1能理解CPS的核心理念，并能运用CAX、PLM、ERP、MOM等数字技术进行智能制造子系统的数字化产品设计与开发 1.2.2能运用数字化技术进行智能制造子系统级的产品工艺设计与制造	1.2.1 CAX、PLM、ERP、MOM等工业软件核心功能集成应用知识 1.2.2 CPS技术基础 1.2.3数字孪生技术基础
	1.3运用智能制造体系架构构建方法和质量管理、精益生产管理方法	1.3.1能按照智能制造体系的要求进行智能制造子系统级的建设与集成 1.3.2能运用质量管理、精益生产管理等方法进行智能制造子系统级的管理与运行	1.3.1国家智能制造标准体系 1.3.2质量管理、精益生产管理方法 1.3.3智能制造系统集成技术，包括软件、硬件集成，不同模式的集成方法等
2. 智能装备与产线开发	2.1进行智能装备与产线的概念设计和详细设计	2.1.1能进行具备自感知、自学习、自决策、自执行、自适应特征的智能装备与产线的模块化与详细功能设计 2.1.2能进行智能装备与产线的三维建模 2.1.3能进行智能装备和产线各单元模块、单元模块间工作流程与布局的设计与仿真分析 2.1.4能根据生产的智能化需求及最优综合效益进行智能装备的选型 2.1.5能进行智能装备与产线构建过程中的安全体系建设	2.1.1需求分析方法 2.1.2 MBD、DFX、QFD等原理和方法 2.1.3 CPS系统与架构、嵌入式系统与物联网技术 2.1.4产品全生命周期管理技术 2.1.5产线规划与仿真技术 2.1.6虚拟现实、增强现实和混合现实技术 2.1.7功能安全系统和设施一体化协同设计、网络规划、软硬件防火墙知识

续表

职业功能	工作内容	专业能力要求	相关知识要求
2. 智能装备与产线开发	2.2 设计智能装备与产线的生产工艺并编制程序	2.2.1 能进行智能装备与产线的工艺设计与仿真 2.2.2 能进行智能装备与产线的识别和传感系统、人机交互系统、控制系统等的程序编制 2.2.3 能进行装备间的集成、装备与工业软件系统的集成	2.2.1 工艺设计与仿真技术 2.2.2 不同层级的计算机控制系统，如可编程逻辑控制器、集散控制系统等 2.2.3 计算机控制系统基本概念与体系架构，包括直接数字量控制、集中型计算机控制、集散控制、现场总线控制系统等 2.2.4 智能产线集成技术，包括智能网关原理与应用、工业网络集成、物联网、RFID、虚拟调试、设备虚拟化等技术
	2.3 测试、优化智能装备与产线	2.3.1 能对智能装备与产线的功能、性能进行测试与验证 2.3.2 能进行智能装备与产线测试结果的分析与优化	2.3.1 虚拟测试分析技术 2.3.2 工业大数据挖掘、分析与处理技术 2.3.3 决策与优化技术
3. 智能装备与产线应用	3.1 设计智能装备与产线的安装、调试和部署方案	3.1.1 能进行智能装备与产线安装、调试的工艺设计与规划 3.1.2 能进行智能装备与产线安装、调试工作流程的数字化设计	3.1.1 工艺设计与规划原理 3.1.2 数字化工艺设计与规划方法 3.1.3 虚拟仿真调试技术 3.1.4 数据采集、处理与分析技术
	3.2 安装、调试、部署和管控智能装备与产线	3.2.1 能对智能装备和产线进行加工工艺编制与仿真优化 3.2.2 能进行智能装备与产线机构和控制系统、传感与识别系统等的虚拟联动调试 3.2.3 能进行智能装备与产线的现场安装、调试、网络与系统部署 3.2.4 能进行智能装备与产线生产过程中的标准化安全作业	3.2.1 CAM 编程技术 3.2.2 人机交互系统 3.2.3 智能装备与生产系统的虚拟调试技术 3.2.4 智能装备与产线现场安装、调试与部署技术，包括通信、数据采集、数据标定、标识解析等 3.2.5 智能装备与生产系统的边缘部署、安全等技术 3.2.6 传感器应用、PLC 技术、工艺规划、网络安全知识

续表

职业功能	工作内容	专业能力要求	相关知识要求
4. 智能生产管控	4.1 配置、集成智能生产管控系统和智能检测系统	4.1.1 能根据企业生产需求进行智能管控系统的配置 4.1.2 能进行智能管控系统与控制系统、智能检测系统及其他工业系统的集成 4.1.3 能进行智能装备与产线生产过程中的安全管控	4.1.1 系统理论与工程 4.1.2 不同智能制造模式下的精益生产与管理方法 4.1.3 智能生产运营管控技术，包括 PLM、ERP、MOM/MES、SCADA 系统、生产系统建模与仿真等技术 4.1.4 系统集成技术，包括分布式软件架构、分布式数据库、接口技术、微服务、web 服务、网络安全等
	4.2 监测生产系统并进行数据分析与优化	4.2.1 能完成计划调度、可视化监测、生产绩效分析等智能生产管控 4.2.2 能进行在线质量监测和预警、质量追溯、分析与改进 4.2.3 能应用工业大数据、工业人工智能等技术完成流程、组织、生产工艺、质量、物料、装备等生产运营要素的综合分析与优化	4.2.1 生产调度与高级排产计划 4.2.2 机器视觉与图像处理技术 4.2.3 生产系统设备运行数据分析与优化知识 4.2.4 生产系统质量数据分析与优化知识 4.2.5 生产运营与流程管理知识
5. 装备与产线智能运维	5.1 配置、集成装备与产线的智能运维系统	5.1.1 能进行智能运维系统的属性和参数配置 5.1.2 能建立故障预测模型和故障索引知识库 5.1.3 能构建故障状态指标，进行指标阈值配置，并建立安全告警指标与阈值体系	5.1.1 网络集成与通信技术 5.1.2 嵌入式系统技术 5.1.3 边缘计算、敏捷连接、数据优化、安全等技术 5.1.4 故障的机理模型、知识库架构 5.1.5 告警指标与阈值体系
	5.2 远程监测装备与产线、分析装备健康状态、制定预测性维护策略，并进行维护作业	5.2.1 能进行装备与产线的工作环境预警和实时运行状态监测，对装备智能分析、健康状态评估并制定最优预防性维护策略 5.2.2 能进行装备与产线的远程维护作业	5.2.1 算法模型在装备监控管理与故障诊断中的应用 5.2.2 装备建模与维修作业仿真技术 5.2.3 AR/VR 在运维作业中的应用 5.2.4 故障的机理模型、知识工程、知识库架构

续表

职业功能	工作内容	专业能力要求	相关知识要求
6. 智能制造咨询与服务	6.1 技术咨询与服务	6.1.1 能进行智能制造子系统的需求调研与技术评估 6.1.2 能进行智能制造子系统的技术测试与实施服务	6.1.1 需求分析方法 6.1.2 系统测试技术 6.1.3 工程实施方法
	6.2 管理咨询与服务	6.2.1 能进行智能制造子系统的管理现状调研与分析 6.2.2 能进行智能制造子系统的可行性方案制定和实施路线规划	6.2.1 调查研究方法 6.2.2 可行性研究方法
	6.3 培训指导	能进行智能制造单元模块、子系统级的技术培训	6.3.1 培训方法 6.3.2 问题反馈与分析方法

3.3 高级

智能制造共性技术运用、智能制造咨询与服务为共性职业功能。不同职业方向在智能制造系统架构构建、智能装备与产线开发、智能装备与产线应用、智能生产管控、装备与产线智能运维中选择其对应的职业功能。

职业功能	工作内容	专业能力要求	相关知识要求
1. 智能制造共性技术运用	1.1 分析、研究与开发智能赋能技术	1.1.1 能分析和研究工业互联网、工业大数据和工业人工智能等智能赋能技术，并解决智能制造系统级工程问题 1.1.2 能分析和研究智能装备与产线安全稳定运行所需的软硬件与网络环境	1.1.1 基于工业互联网与工业大数据的系统架构 1.1.2 针对典型工业场景的人工智能算法 1.1.3 实体认证技术、访问控制技术、网络攻击与防护、渗透测试、云安全防护
	1.2 综合运用智能赋能技术	1.2.1 能运用 CPS、MBD、DFX 等虚拟仿真技术和工业软件，组织开展系统级的数字化产品设计、开发与优化 1.2.2 能够运用数字化技术进行智能制造系统级的产品工艺设计与制造	1.2.1 MBD、DFX 等数字化技术 1.2.2 面向复杂产品的设计方法及应用 1.2.3 面向典型制造场景的 CPS 与数字孪生技术架构与应用方法
	1.3 运用智能制造体系架构构建方法	1.3.1 能研究并完善智能制造体系 1.3.2 能组织开展智能制造系统级的建设与集成	1.3.1 智能制造成熟度模型 1.3.2 工业互联网模型 1.3.3 数字化转型参考架构 1.3.4 数字化转型价值效益参考模型

续表

职业功能	工作内容	专业能力要求	相关知识要求
2. 智能制造系统架构构建	2.1 设计智能制造系统架构	2.1.1 能针对特定行业/领域进行智能制造系统需求与可行性分析 2.1.2 能设计针对特定行业/领域的智能制造系统架构 2.1.3 能设计智能制造安全保障体系	2.1.1 企业运营模式及战略规划方法 2.1.2 需求工程及在特定行业/领域的应用 2.1.3 系统工程、多学科集成设计及组织方法、技术架构机制与模式 2.1.4 子系统集成、验证测试设计方法 2.1.5 与智能制造系统工程相关的节能环保、质量、安全方法等
	2.2 组织智能制造系统建设	2.2.1 能根据智能制造系统架构进行网络化协同、项目管理和风险管控 2.2.2 能组织、协调、决策与评价智能制造系统	2.2.1 网络化协同管理方法 2.2.2 项目管理方法 2.2.3 风险管控方法 2.2.4 经济指标分析方法
	2.3 研究创新型智能制造系统架构及实施方法	2.3.1 能结合智能赋能技术持续优化智能制造系统 2.3.2 能应用 PDCA 方法持续优化智能制造架构	2.3.1 智能制造战略规划知识 2.3.2 工业应用场景发展前沿 2.3.3 PDCA 优化方法
3. 智能装备与产线开发	3.1 研究、设计智能装备与产线总体方案	3.1.1 能运用数据挖掘和分析等技术，组织开展智能装备与产线的个性化需求分析，以及进行智能装备与产线的概念设计、协同设计 3.1.2 能组织开展具备自感知、自学习、自决策、自执行、自适应特征的智能装备与产线的总体方案研究设计 3.1.3 能运用网络安全技术为智能装备与产线构建安全稳定的运行环境	3.1.1 需求工程与需求分析知识 3.1.2 面向特定领域装备的多学科综合设计与优化方法 3.1.3 面向产品研发的 CPS 与数字孪生技术 3.1.4 网络协同设计方法 3.1.5 面向特定生产场景的产线规划与仿真方法 3.1.6 网络加密技术、数据库加密技术

续表

职业功能	工作内容	专业能力要求	相关知识要求
3. 智能装备与产线开发	3.2 研究、设计智能装备与产线的生产工艺和系统集成	3.2.1 能组织开展智能装备与产线的工艺设计与仿真分析 3.2.2 能进行智能装备与产线的识别和传感系统、人机交互系统、控制系统等的研究和设计 3.2.3 能组织开展智能装备与产线各模块、模块间集成的研究、设计、仿真、分析与优化	3.2.1 面向特定领域装备的工艺设计与仿真技术、传感与交互、智能控制方法 3.2.2 智能产线系统集成架构设计方法 3.2.3 虚拟现实/增强现实/混合现实应用方法 3.2.4 面向特定领域的数据处理分析模型及装备综合优化方法
4. 智能装备与产线应用	4.1 制定智能装备与产线部署优化方案及规范	4.1.1 能以智能工厂最优效能效益为目标，组织开展智能工厂范围内产线总体布局的仿真、分析与优化 4.1.2 能根据企业特定智能系统架构需求，制定各产线联合安装与部署方案并组织实施	4.1.1 智能工厂系统架构 4.1.2 工业工程的应用方法 4.1.3 价值工程的应用方法
	4.2 优化智能装备与产线系统	4.2.1 能应用工业大数据及质量管控等技术设计智能装备与产线优化方案 4.2.2 能组织实施智能装备与产线的优化，提高生产线的综合效能效益 4.2.3 能进行智能装备与产线生产平台的标准化安全作业指导	4.2.1 工业大数据分析方法原理 4.2.2 质量管控技术 4.2.3 生产系统布局优化方法 4.2.4 生产系统效益优化方法
5. 智能生产管控	5.1 设计智能生产管控系统的总体方案	5.1.1 能运用生产系统工程、价值工程、精益生产管理等方法及相关工业软件，进行数字化流程与总体方案设计和工业软件系统选型 5.1.2 能组织开展智能生产管控系统技术集成方案设计 5.1.3 能进行业务流程优化、操作与控制优化、设计与制造协同优化、生产管控协同优化 5.1.4 能进行智能装备与产线生产平台的安全制度建设	5.1.1 生产系统工程（PSE）知识 5.1.2 精益生产管理方法 5.1.3 综合化生产系统的价值分析、业务流程设计与优化等 5.1.4 价值工程（VE），包括产品功能分析、寿命周期成本分析等 5.1.5 数据处理与智能化技术

续表

职业功能	工作内容	专业能力要求	相关知识要求
5. 智能生产管控	5.2 研究、开发智能生产管控系统和智能检测系统	5.2.1 能组织开展智能生产管控系统的研究、设计与优化 5.2.2 能组织开展智能检测系统的研究、设计与优化	5.2.1 智能生产管控系统架构 5.2.2 智能检测系统架构 5.2.3 生产数据综合分析技术 5.2.4 数据统计与深度学习方法
6. 装备与产线智能运维	6.1 研究、设计智能运维系统的总体方案	6.1.1 能运用智能运维体系架构及相关技术，进行智能运维系统的总体方案设计 6.1.2 能组织开展故障告警安全操作系统的研究、设计与优化	6.1.1 工业互联集成架构技术 6.1.2 工业控制与网络安全技术 6.1.3 健康管理与故障告警系统建构
	6.2 开发、优化装备和产线的智能运维系统	6.2.1 能进行装备与产线工作环境预警和实时运行状态监测的研究与分析 6.2.2 能组织开展装备与产线健康状态评估和预防性维护策略的研究与分析 6.2.3 能进行智能运维系统的持续优化和改进	6.2.1 知识库架构与机理模型 6.2.2 监控管理与预测性维护的深度学习模型构建方法 6.2.3 监控管理与预测性维护的知识图谱构建方法 6.2.4 预测性维护与监控管理的数据分析与综合优化
7. 智能制造咨询与服务	7.1 技术咨询与服务	7.1.1 能进行智能制造系统的需求调研与技术评估 7.1.2 能进行智能制造系统的技术集成实施服务	7.1.1 智能制造前沿技术 7.1.2 需求分析与需求管理 7.1.3 技术集成与实施方法
	7.2 管理咨询与服务	能进行智能制造系统的战略方案制定、实施路线规划和（项目）监理	7.2.1 企业战略分析方法 SWOT 等 7.2.2 工程工期、质量与安全控制知识 7.2.3 信息管理与关系协调知识
	7.3 培训指导	能进行智能制造技术培训与技术指导	7.3.1 制定培训方案的技术与方法 7.3.2 培训质量管理知识

4. 权重表

4.1 理论知识权重表

<table>
<tr><th colspan="3">项目 \ 专业技术等级</th><th>初级（%）</th><th>中级（%）</th><th>高级（%）</th></tr>
<tr><td rowspan="2">基本要求</td><td colspan="2">职业道德</td><td>5</td><td>5</td><td>5</td></tr>
<tr><td colspan="2">基础知识</td><td>25</td><td>20</td><td>10</td></tr>
<tr><td rowspan="8">相关知识要求</td><td colspan="2">智能制造共性技术运用</td><td>35</td><td>35</td><td>30</td></tr>
<tr><td rowspan="5">根据职业方向选择其一</td><td>智能装备与产线开发</td><td>30</td><td>35</td><td>45</td></tr>
<tr><td>智能装备与产线应用</td><td>30</td><td>35</td><td>45</td></tr>
<tr><td>智能生产管控</td><td>30</td><td>35</td><td>45</td></tr>
<tr><td>装备与产线智能运维</td><td>30</td><td>35</td><td>45</td></tr>
<tr><td>智能制造系统架构构建</td><td>—</td><td>—</td><td>45</td></tr>
<tr><td colspan="2">智能制造咨询与服务</td><td>5</td><td>5</td><td>10</td></tr>
<tr><td colspan="3">合计</td><td>100</td><td>100</td><td>100</td></tr>
</table>

4.2 专业能力要求权重表

<table>
<tr><th colspan="3">项目 \ 专业技术等级</th><th>初级（%）</th><th>中级（%）</th><th>高级（%）</th></tr>
<tr><td rowspan="7">专业能力要求</td><td colspan="2">智能制造共性技术运用</td><td>45</td><td>40</td><td>30</td></tr>
<tr><td rowspan="5">根据职业方向选择其一</td><td>智能装备与产线开发</td><td>50</td><td>55</td><td>55</td></tr>
<tr><td>智能装备与产线应用</td><td>50</td><td>55</td><td>55</td></tr>
<tr><td>智能生产管控</td><td>50</td><td>55</td><td>55</td></tr>
<tr><td>装备与产线智能运维</td><td>50</td><td>55</td><td>55</td></tr>
<tr><td>智能制造系统架构构建</td><td>—</td><td>—</td><td>55</td></tr>
<tr><td colspan="2">智能制造咨询与服务</td><td>5</td><td>5</td><td>15</td></tr>
<tr><td colspan="3">合计</td><td>100</td><td>100</td><td>100</td></tr>
</table>

5. 附录

术语和定义

下列术语和定义适用于本文件。

5.1 智能制造

智能制造是基于新一代信息通信技术与先进制造技术深度融合，贯穿于设计、生产、管理、服务等制造活动的各个环节，具有自感知、自学习、自决策、自执行、自适应等功能的新型生产方式。

5.2 智能制造系统架构

智能制造系统架构从生命周期、系统层级和智能特征三个维度对智能制造所涉及的活动、装备、特征等内容进行描述，主要用于明确智能制造的标准化需求、对象和范围，指导国家智能制造标准体系建设。

5.3 产品生命周期

产品生命周期与产品相关的所有数据、状态、活动和流程，涵盖产品从需求、设计、制造、交付、使用、维保、报废直至回收处理的全过程。

5.3.1 设计

设计是指根据企业的所有约束条件以及所选择的技术来对需求进行构造、仿真、验证、优化等研发活动过程。

5.3.2 工艺设计

工艺设计是指编制各种工艺文件和设计工艺装备等的过程。

5.3.3 生产

生产是指通过劳动创造所需要的物质资料的过程。

5.3.4 数控加工

数控加工是指根据被加工零件图样和工艺要求，编制成以数码表示的程序输入到机床的数控装置或控制计算机中，以控制工件和工具的相对运动，使之加工出合格零件的方法。

5.3.5 绿色制造

绿色制造是指一种综合考虑环境影响和资源消耗的现代制造模式，其目标是使产品在从设计、制造、包装、运输、使用到报废处理的整个生命周期中，对环境负面影响最小，资源利用率最高，并使企业经济效益和社会效益协调优化。

5.4 智能特征

智能特征是指基于新一代信息通信技术使制造活动具有自感知、自学习、自决策、自执行、自适应等一个或多个功能的层级划分，包括资源要素、互联互通、融合共享、系统集成和新兴业态五层智能化要求。

5.4.1 互联互通

互联互通是指通过有线、无线等通信技术，实现装备之间、装备与控制系统之间，企业之间相互连接及信息交换功能的技术和方法。

5.4.2 系统集成

系统集成是指企业实现从智能装备、智能生产单元、智能生产线、数字化车间到智能工厂的软硬件整合的技术和方法。

5.5 技术与软件

5.5.1 应用程序接口（API）

应用程序接口（application programming interface，API）是指多个软件间或同一软件不同部分间按约定进行交互的一组例程。

5.5.2 增强现实（AR）

增强现实（augmented reality，AR）是指透过摄影机影像的位置及角度精算并加上图像分析技术，让屏幕上的虚拟世界能够与现实世界场景进行结合与交互的技术。

5.5.3 信息物理系统（CPS）

信息物理系统（cyber-physical systems，CPS）是指通过集成先进的感知、计算、通信、控制等信息技术和自动控制技术，构建物理空间与信息空间中人、机、物、环境、信息等要素相互映射、适时交互、高效协同的复杂系统，实现系统内资源配置和运行的按需响应、快速迭代、动态优化。

5.5.4 计算机辅助设计（CAD）

计算机辅助设计（computer aided design，CAD）是指使用信息处理系统完成诸如设计或改进零件、部件或产品的功能，包括绘图和标注的所有设计活动。

5.5.5 计算机辅助工程（CAE）

计算机辅助工程（computer aided engineering，CAE）是指采用信息处理系统对设计进行分析和检查，并对其性能、工艺性、生产率或经济性进行优化。

5.5.6 计算机辅助制造（CAM）

计算机辅助制造（computer aided manufacturing，CAM）是指利用计算机将产品的设计信息自动转换成制造信息，以控制产品的加工、装配、检验、试验和包装等全过程，并对与这些过程有关的全部物流系统进行控制。

5.5.7　计算机辅助工艺过程设计（CAPP）

计算机辅助工艺过程设计（computer aided process planning，CAPP）是指为了准备机械加工等生产过程的基本数据而使用信息处理系统的全部活动。

5.5.8　计算机辅助技术统称（CAX）

计算机辅助技术统称（computer aided X，CAX）是 CAD、CAM、CAE、CAPP 等各项技术之统称，此类技术均以 CA 开头，X 表示所有。表示把多元化的计算机辅助技术集成起来复合和协调地进行工作。

5.5.9　面向产品生命周期/环节的设计（DFX）

面向产品生命周期/环节的设计（design for X，DFX）中的 X 可以代表产品生命周期或其中某一环节，如装配、加工、使用、维修、回收等；也可以代表产品竞争力或决定产品竞争力的因素，如质量、成本、时间等。

5.5.10　企业资源计划（ERP）

企业资源计划（enterprise resource planning，ERP）所管理的对象包括企业人、财、物、时间等所有的资源和产、供、销等所有的业务，实现了整个供应链上所有相关业务的信息集成，是一种应用信息技术的管理系统。

5.5.11　制造执行系统（MES）

制造执行系统（manufacturing execution system，MES）是针对企业整个生产制造过程进行管理和优化的集成运行系统。

5.5.12　基于模型的定义（MBD）

基于模型的定义（model based definition，MBD）是采用三维数字化模型完整表达产品信息的方法，包括产品结构定义、公差标注规则、工艺信息等的表达方法。

5.5.13　制造运行管理（MOM）

制造运行管理（manufacturing operations management，MOM）是通过协调管理企业的人员、设备、物料和能源等资源，把原材料或零件转化为产品的管理过程与平台。

5.5.14　循环管理优化方法（PDCA）

循环管理优化方法（plan-do-check-act，PDCA）将工作按规划、执行、查核与行动来循环进行，确保达成可靠度目标，并促使其品质持续改善。

5.5.15　可编程逻辑控制器（PLC）

可编程逻辑控制器（programmable logic controller，PLC）是一种具有微处理器的数字电子设备，用于自动化控制的数位逻辑控制器，可将控制指令随时载入记忆体内储存与执行。

5.5.16 产品生命周期管理（PLM）

产品生命周期管理（product lifecycle management，PLM）是一种应用于单一地点的企业内部、分散在多个地点的企业内部，以及有协作关系的企业之间的，支持产品全生命周期的信息创建、管理、分发和应用的一系列应用解决方案，它能够集成与产品相关的人力资源、流程、应用系统和信息。

5.5.17 生产系统工程（PSE）

生产系统工程（production systems engineering，PSE）是指生产的综合化、系统化，对生产系统进行控制、优化，完成生产系统中信息流的控制和价值流的分析。

5.5.18 质量功能展开（QFD）

质量功能展开（quality function deployment，QFD）是把顾客或市场的要求转化为设计要求、零部件特性、工艺要求、生产要求等的多层次演绎分析方法。该方法体现了以市场为导向，以顾客要求为产品开发唯一依据的指导思想。

5.5.19 射频识别技术（RFID）

射频识别技术（radio frequency identification，RFID）又称电子标签，是一种无线通信技术，可以通过无线射频方式识别特定目标并进行相关数据交换，无须在识别系统与特定目标之间建立机械或者光学接触。

5.5.20 数据采集与监视控制系统（SCADA）

数据采集与监视控制系统（supervisory control and data acquisition，SCADA）是以计算机为基础的自动化监控系统，可以对现场的运行设备进行监视和控制，以实现数据采集、设备控制、测量、参数调节以及各类信号报警等各项功能。

5.5.21 基于内外部竞争环境和竞争条件下的态势分析方法（SWOT）

基于内外部竞争环境和竞争条件下的态势分析方法（strength weakness opportunity threat，SWOT）将与研究对象密切相关的各种主要内部优势、劣势和外部的机会和威胁等，通过调查列举并依照矩阵形式排列，用系统分析的思想，把各种因素相互匹配起来加以分析并得出一系列相应的结论。

5.5.22 价值工程（VE）

价值工程（value engineering，VE）是指以产品或作业的功能分析为核心，以提高产品或作业的价值为目的，力求以最低寿命周期成本实现产品或作业使用所要求的必要功能的一项有组织的创造性活动。价值工程涉及价值、功能和寿命周期成本三个基本要素。

5.5.23 虚拟现实（VR）

虚拟现实（virtual reality，VR）是利用电脑模拟产生一个三维空间的虚拟世界，提供用户关于视觉等感官的模拟，让用户可即时、无限制地观察三维空间内的事物。

大数据工程技术人员国家职业技术技能标准

（2021 年版）

1. 职业概况

1.1 职业名称

大数据工程技术人员

1.2 职业编码

2-02-10-11

1.3 职业定义

从事大数据采集、清洗、分析、治理、挖掘等技术研究，并加以利用、管理、维护和服务的工程技术人员。

1.4 专业技术等级

本职业共设三个等级，分别为初级、中级、高级。

初级、中级分为三个职业方向：大数据处理、大数据分析、大数据管理。

高级不分职业方向。

1.5 职业环境条件

室内，常温。

1.6 职业能力特征

具有较强的学习能力、计算能力、表达能力及分析、推理和判断能力。

1.7 普通受教育程度

大学专科学历（或高等职业学校毕业）。

1.8 职业培训要求

1.8.1 培训期限

大数据工程技术人员需按照本《标准》的职业要求参加有关课程培训，完成规定学时，取得学时证明。初级 128 标准学时，中级 128 标准学时，高级 160 标准学时。

1.8.2 培训教师

承担初级、中级理论知识或专业能力培训任务的人员，应具有相关职业中级及以上专业技术等级或相关专业中级及以上职称。

承担高级理论知识或专业能力培训任务的人员，应具有相关职业高级专业技术等级或相关专业高级职称。

1.8.3 培训场所设备

理论知识培训在标准教室或线上平台进行；专业能力培训在具有相应软、硬件条件的培训场所进行。

1.9 专业技术考核要求

1.9.1 申报条件

——取得初级培训学时证明，并具备以下条件之一者，可申报初级专业技术等级：

（1）取得技术员职称。

（2）具备相关专业大学本科及以上学历（含在读的应届毕业生）。

（3）具备相关专业大学专科学历，从事本职业技术工作满 1 年。

（4）技工院校毕业生按国家有关规定申报。

——取得中级培训学时证明，并具备以下条件之一者，可申报中级专业技术等级：

（1）取得助理工程师职称后，从事本职业技术工作满 2 年。

（2）具备大学本科学历，或学士学位，或大学专科学历，取得初级专业技术等级后，从事本职业技术工作满 3 年。

（3）具备硕士学位或第二学士学位，取得初级专业技术等级后，从事本职业技术工作满 1 年。

（4）具备相关专业博士学位。

（5）技工院校毕业生按国家有关规定申报。

——取得高级培训学时证明，并具备以下条件之一者，可申报高级专业技术等级：

（1）取得工程师职称后，从事本职业技术工作满 3 年。

（2）具备硕士学位，或第二学士学位，或大学本科学历，或学士学位，取得中级专业技术等级后，从事本职业技术工作满 4 年。

（3）具备博士学位，取得中级专业技术等级后，从事本职业技术工作满 1 年。

（4）技工院校毕业生按国家有关规定申报。

1.9.2 考核方式

分为理论知识考试以及专业能力考核。理论知识考试、专业能力考核均实行百分制，成绩皆达 60 分（含）以上者为合格，考核合格者获得相应专业技术等级证书。

理论知识考试以闭卷笔试、机考等方式为主，主要考核从业人员从事本职业应掌握的基本要求和相关知识要求；专业能力考核以开卷实操考试、上机实践等方式为主，主要考核从业人员从事本职业应具备的技术水平。

1.9.3 监考人员、考评人员与考生配比

理论知识考试中的监考人员与考生配比不低于 1∶15，且每个考场不少于 2 名监考人员；专业能力考核中的考评人员与考生配比不低于 1∶5，且考评人员为 3 人（含）以上单数。

1.9.4 考核时间

理论知识考试时间不少于 90 min；专业能力考核时间不少于 150 min。

1.9.5 考核场所设备

理论知识考试在标准教室进行；专业能力考核在具有相应软、硬件条件的考核场所进行。

2. 基本要求

2.1 职业道德

2.1.1 职业道德基本知识

2.1.2 职业守则

（1）遵纪守法，爱岗敬业。
（2）精益求精，勇于创新。
（3）爱护设备，安全操作。
（4）遵守规程，执行工艺。
（5）认真严谨，忠于职守。

2.2 基础知识

2.2.1 基础理论知识

（1）操作系统知识。
（2）计算机网络知识。
（3）编程基础知识。
（4）数据结构与算法知识。
（5）数据库知识。
（6）软件工程知识。
（7）云计算知识。
（8）大数据知识。

2.2.2 技术基础知识

（1）大数据系统环境安装、配置和调试知识。
（2）大数据平台架构知识。
（3）软件应用开发知识。
（4）接口开发与功能模块设计知识。
（5）数据采集与数据预处理知识。
（6）数据计算与数据指标知识。
（7）常用数据分析与挖掘方法。
（8）常用数据报表与可视化技术方法。
（9）数据管理知识。
（10）数据运营及技术指导知识。

2.2.3 安全知识

（1）大数据应用、设备与外部服务组件安全管理知识。
（2）大数据服务用户身份鉴别与访问控制管理相关知识。
（3）大数据服务数据活动安全管理知识。
（4）大数据服务基础设施安全管理知识。
（5）大数据系统应急响应管理知识。

2.2.4 其他相关知识

（1）环境保护知识。
（2）文明生产知识。
（3）劳动保护知识。
（4）资料保管保密知识。

2.2.5 相关法律、法规知识

（1）《中华人民共和国劳动法》相关知识。
（2）《中华人民共和国安全生产法》相关知识。
（3）《中华人民共和国网络安全法》相关知识。
（4）《关于加强网络信息保护的决定》相关知识。
（5）《关键信息基础设施安全保护条例》相关知识。
（6）《网络安全等级保护条例》相关知识。
（7）《数据安全管理办法》相关知识。
（8）《电信和互联网用户个人信息保护规定》相关知识。

3. 工作要求

本标准对初级、中级、高级的专业能力要求和相关知识要求依次递进，高级别涵盖低级别的要求。

3.1 初级

大数据处理方向的职业功能包括大数据系统搭建、大数据平台管理与运维、大数据技术服务、大数据处理与应用，大数据分析方向的职业功能包括大数据系统搭建、大数据平台管理与运维、大数据技术服务、大数据分析与挖掘，大数据管理方向的职业功能包括大数据平台管理与运维、大数据技术服务、大数据管理。

职业功能	工作内容	专业能力要求	相关知识要求
1. 大数据系统搭建	1.1 硬件系统搭建	1.1.1 能根据施工方案，进行需求沟通并确认设备参数 1.1.2 能参照施工方案，对大数据机架及大型设备进行机房空间规划并部署服务器 1.1.3 能根据组网规划方案，对各服务器或需联通网络设备进行组网布置 1.1.4 能根据现场设施及电力系统，对设备进行上电测试及点亮测试	1.1.1 硬件设备功能知识 1.1.2 服务器组网知识 1.1.3 服务器配置知识
	1.2 软件系统部署	1.2.1 能根据系统部署方案，安装集群环境、硬件环境、虚拟化环境所需的各类系统 1.2.2 能根据软件部署方案使用脚本部署产品或用原生方法安装各类大数据功能组件 1.2.3 能根据节点连接信息配置大数据集群 1.2.4 能根据集群功能对组件进行启动调试	1.2.1 操作系统安装及操作知识 1.2.2 云计算及虚拟化部署知识 1.2.3 大数据组件安装知识 1.2.4 大数据集群配置知识 1.2.5 大数据组件基础操作知识
2. 大数据平台管理与运维	2.1 平台管理	2.1.1 能对现有大数据集群的各类组件进行应用变更或版本更迭 2.1.2 能根据上线计划，按时完成功能上线 2.1.3 能对提交代码的版本进行管理	2.1.1 应用变更管理知识 2.1.2 代码仓库托管知识 2.1.3 功能持续集成知识 2.1.4 代码版本控制知识

续表

职业功能	工作内容	专业能力要求	相关知识要求
2.大数据平台管理与运维	2.2 系统运维	2.2.1 能使用工具对集群的软硬件运行状态进行监控管理 2.2.2 能使用工具对大数据集群的各类组件、服务的运行状态进行监控管理 2.2.3 能使用工具对作业运行情况和资源占用情况进行监控管理 2.2.4 能根据故障报告，参与故障排查，处理故障问题 2.2.5 能根据容灾计划，定期备份和迁移关键数据	2.2.1 管理平台操作知识 2.2.2 系统环境监控知识 2.2.3 常见故障排查知识 2.2.4 容灾备份知识
	2.3 安全维护	2.3.1 能根据权限规范，使用工具配置和管理用户权限 2.3.2 能针对各类突发的外部攻击或异常事件进行应急处理 2.3.3 能对安全系统进行升级和维护	2.3.1 权限管理知识 2.3.2 常见异常处理知识 2.3.3 网络攻防知识
3.大数据技术服务	3.1 技术咨询	3.1.1 能根据团队既定计划，收集市场目标信息 3.1.2 能配合销售团队制作宣讲材料及解决方案展示材料 3.1.3 能配合工程师解决客户技术咨询问题并提供参考信息	3.1.1 大数据行业应用知识 3.1.2 大数据技术体系知识
	3.2 解决方案设计	3.2.1 能根据已有的产品解决方案调整输出具体的项目解决方案 3.2.2 能进行产品演示和讲解产品特性 3.2.3 能根据客户沟通反馈整理需求文档 3.2.4 能根据客户需求提供产品咨询及软件架构	3.2.1 大数据基础理论知识 3.2.2 大数据行业发展知识 3.2.3 大数据软件架构知识

续表

职业功能	工作内容	专业能力要求	相关知识要求
4. 大数据处理与应用	4.1 数据采集	4.1.1 能根据业务需求进行在线、离线数据采集 4.1.2 能根据调度策略使用框架设置调度作业 4.1.3 能根据存储策略进行数据存储	4.1.1 网络爬虫知识 4.1.2 离线数据采集知识 4.1.3 实时数据采集知识 4.1.4 作业调度知识 4.1.5 文件系统数据存储知识 4.1.6 关系型数据库知识 4.1.7 非关系型数据库知识
	4.2 数据预处理	4.2.1 能根据业务需求对遗漏数据、噪音数据、不一致数据等进行清洗 4.2.2 能根据业务需求对多源数据进行整合 4.2.3 能根据业务规则对数据格式进行转换 4.2.4 能根据数据归一性原则对数据进行单位、数值规约	4.2.1 数据清洗知识 4.2.2 数据 ETL 知识 4.2.3 数据库基础操作知识 4.2.4 SQL 函数知识 4.2.5 结构化、半结构化与非结构化知识
	4.3 数据计算	4.3.1 能根据业务需求编写批量、实时数据计算作业 4.3.2 能根据数据特征计算数据标签并进行汇总 4.3.3 能根据数据指标规则计算关键业务指标	4.3.1 分布式计算知识 4.3.2 内存计算知识 4.3.3 数据结构封装知识 4.3.4 关键业务指标知识
	4.4 数据查询	4.4.1 能根据数据平台构建联机事务分析系统并进行即席查询 4.4.2 能根据检索引擎创建索引库并进行数据检索 4.4.3 能使用交互式查询工具创建数据接口并提供对外服务接口 4.4.4 能使用交互式查询平台制作报表及展示图表	4.4.1 OLAP 系统应用知识 4.4.2 数据检索知识 4.4.3 交互式计算知识 4.4.4 报表制作知识

续表

职业功能	工作内容	专业能力要求	相关知识要求
5. 大数据分析与挖掘	5.1 数据预处理	5.1.1 能根据业务需求对遗漏数据、噪音数据、不一致数据等进行清洗 5.1.2 能根据业务需求对多源数据进行整合 5.1.3 能根据业务规则对数据格式进行转换 5.1.4 能根据数据归一性原则对数据进行单位、数值规约 5.1.5 能根据数据特征及规律，选择合适方法对数据进行采样	5.1.1 数据清洗知识 5.1.2 数据 ETL 知识 5.1.3 数据库基础操作知识 5.1.4 SQL 函数知识 5.1.5 结构化、半结构化与非结构化知识
	5.2 数据分析	5.2.1 能结合业务场景使用工具对数据集进行概要、描述性统计分析 5.2.2 能在描述结果基础上，对数据进行特征和规律的分析与推测 5.2.3 能结合业务场景编写数据统计报告	5.2.1 描述性统计知识 5.2.2 统计工具使用知识 5.2.3 线性相关及回归相关知识
	5.3 数据挖掘	5.3.1 能评估挖掘需求并使用工具对数据进行特征工程处理 5.3.2 能调用常规模型进行模型训练 5.3.3 能根据合适评价指标对模型进行验证和调整参数 5.3.4 能根据合适评价指标对模型进行测试并输出最终模型的性能评估分数	5.3.1 特征工程知识 5.3.2 机器学习基础知识 5.3.3 数据挖掘类库应用知识
	5.4 数据可视化	5.4.1 能选择关键指标抽取数据并进行图表展示 5.4.2 能使用可视化组件库进行可视化页面开发并配置交互模式 5.4.3 能根据产品反馈对可视化页面及图表进行调整和美化	5.4.1 BI 工具使用知识 5.4.2 前端页面开发知识 5.4.3 可视化平台配置及使用知识

续表

职业功能	工作内容	专业能力要求	相关知识要求
6. 大数据管理	6.1 数据管理	6.1.1 能对大数据全生命周期进行监控，定义、管理元数据，并提供访问元数据接口服务 6.1.2 能对数据质量进行评估及有效管控，校正异常数据和缺失数据 6.1.3 能根据安全审计要求，对数据活动的主题、操作及对象等数据相关属性进行审核，确保数据活动过程和相关操作符合安全要求	6.1.1 数据标准知识 6.1.2 数据血缘知识 6.1.3 数据质量知识 6.1.4 数据审计知识
	6.2 数据管理评估	6.2.1 能够编写或者受理评估申请 6.2.2 能依据 DCMM 规则和组织需求确定评估范围 6.2.3 能协助企业实施 DCMM 成熟度自评	数据管理能力成熟度评估模型知识

3.2 中级

大数据处理方向的职业功能包括大数据应用开发、大数据系统搭建、大数据平台管理与运维、大数据技术服务、大数据处理与应用，大数据分析方向的职业功能包括大数据应用开发、大数据系统搭建、大数据平台管理与运维、大数据技术服务、大数据分析与挖掘，大数据管理方向的职业功能包括大数据平台管理与运维、大数据技术服务、大数据管理。

职业功能	工作内容	专业能力要求	相关知识要求
1. 大数据应用开发	1.1 应用服务开发	1.1.1 能根据系统所使用的组件接口，开发相应的数据访问层业务代码 1.1.2 能根据大数据存储系统结构，设计对接业务库表结构 1.1.3 能根据产品业务需求，开发相应数据或计算接口 1.1.4 能根据流程图梳理代码逻辑，优化接口及功能模块	1.1.1 大数据组件应用程序接口知识 1.1.2 模型层接口开发知识 1.1.3 服务层接口开发知识

续表

职业功能	工作内容	专业能力要求	相关知识要求
1. 大数据应用开发	1.2 系统测试	1.2.1 能根据测试用例，对系统进行接口、功能、压力等黑盒测试并输出缺陷、测试报告 1.2.2 能根据测试用例，对代码进行逻辑、分支等白盒测试并输出缺陷、测试报告 1.2.3 能根据相应测试需求，开发自动化测试脚本	1.2.1 测试技术知识 1.2.2 测试用例设计知识 1.2.3 测试脚本开发知识
2. 大数据系统搭建	2.1 硬件系统搭建	2.1.1 能根据配置需求，规划及选型硬件配置设施 2.1.2 能根据机房环境和配置清单，制定工程实施方案 2.1.3 能根据物理硬件特性，制定组网规划方案 2.1.4 能根据硬件设备条件，进行底层及驱动配置 2.1.5 能根据现场施工情况进行故障处理指导	2.1.1 网络架构和规划知识 2.1.2 服务器底层配置知识
	2.2 软件系统部署	2.2.1 能根据应用需求，规划系统部署方案 2.2.2 能根据性能需求，对各运行系统进行配置和调优 2.2.3 能根据软件部署方案，编写自动化部署脚本，并完成部署 2.2.4 能根据集群组件进行高可用及容灾配置 2.2.5 能根据集群功能对各组件进行联通调试	2.2.1 自动化脚本开发知识 2.2.2 集群配置知识 2.2.3 集群高可用及容灾知识
3. 大数据平台管理与运维	3.1 平台管理	3.1.1 能根据集群功能变更需求，制定组件升级及功能迁移方案 3.1.2 能对上线功能进行测试，评估上线可行性，制订上线计划 3.1.3 能对大数据平台中的各个组件使用权限进行管理	3.1.1 集群技术知识 3.1.2 安全访问控制知识

续表

职业功能	工作内容	专业能力要求	相关知识要求
3. 大数据平台管理与运维	3.2 系统运维	3.2.1 能编写脚本对集群软硬件、组件与服务、作业运行情况进行监控及管理操作 3.2.2 能对集群的运行性能、读写性能等指标进行调优 3.2.3 能根据故障报告，排查故障原因，处理故障问题，并编写自动化运维脚本 3.2.4 能制订容灾计划，对异常服务进行故障转移	3.2.1 性能调优知识 3.2.2 故障排查知识 3.2.3 容灾管理知识
	3.3 安全维护	3.3.1 能根据权限管理规范，编写日志监控脚本进行权限安全管理 3.3.2 能根据漏洞报告和测试报告开发相应安全补丁 3.3.3 能针对各类突发的外部攻击或异常事件制定应急处理方案 3.3.4 能对安全系统进行开发、升级和维护工作	3.3.1 安全补丁开发知识 3.3.2 异常处理知识 3.3.3 安全工具产品知识
4. 大数据技术服务	4.1 技术咨询	4.1.1 能收集目标市场信息，分析行业需求 4.1.2 能配合销售团队进行产品宣讲和解决方案展示 4.1.3 能独立解决客户技术咨询问题并提供技术方案 4.1.4 能参与项目架构设计并提出参考意见	4.1.1 大数据架构知识 4.1.2 大数据技术趋势知识
	4.2 解决方案设计	4.2.1 能根据项目需求，在产品功能和技术架构相关技术文档基础上调整输出项目解决方案 4.2.2 能进行产品调研、演示和产品特性讲解 4.2.3 能结合业务情况主导或辅助原型项目交付 4.2.4 能与业务部门合作挖掘客户需求并输出解决方案	4.2.1 大数据行业背景知识 4.2.2 市场营销知识 4.2.3 项目管理知识

续表

职业功能	工作内容	专业能力要求	相关知识要求
4. 大数据技术服务	4.3 指导与培训	4.3.1 能制订技术员、助理工程师对应的人才培养计划 4.3.2 能制作培训资源 4.3.3 能使用培训材料开展对技术员、助理工程师的专业能力培训	4.3.1 大数据技术知识 4.3.2 技术教学知识
5. 大数据处理与应用	5.1 数据采集	5.1.1 能根据业务需求进行在线、离线数据采集，并配置数据缓存及消息队列 5.1.2 能根据业务需求参与制定数据迁移方案 5.1.3 能制定调度策略 5.1.4 能根据业务特性，制定数据存储策略	5.1.1 信息系统配置知识 5.1.2 数据监测与迁移知识 5.1.3 数据存储策略知识
	5.2 数据建模	5.2.1 能根据数据建模规范设计数据模型 5.2.2 能根据存储系统选型编写并优化数据模型实现脚本 5.2.3 能根据业务需求对数据模型进行优化	5.2.1 数据仓库知识 5.2.2 层次建模知识 5.2.3 维度建模知识 5.2.4 读写性能知识
	5.3 数据预处理	5.3.1 能根据数据质量要求制定数据清洗策略及评估方案 5.3.2 能根据业务要求制定数据整合方案 5.3.3 能根据业务需求及性能要求设计数据结构及格式调整方案 5.3.4 能根据归一性需求制定数据规约方案 5.3.5 能根据业务需求编写自定义数据预处理函数	5.3.1 信息技术文档编制知识 5.3.2 数据序列化知识 5.3.3 数据压缩知识

续表

职业功能	工作内容	专业能力要求	相关知识要求
5. 大数据处理与应用	5.4 数据计算	5.4.1 能根据业务需求编写批量、实时数据计算作业并优化作业参数 5.4.2 能根据业务规则设计相应标签库并进行标签管理 5.4.3 能根据业务规则设计相应数据指标计算算法	5.4.1 常用算法与数据结构知识 5.4.2 数据画像知识 5.4.3 数据倾斜知识
	5.5 数据查询	5.5.1 能使用大规模并行分析数据库优化联机事务分析系统性能 5.5.2 能使用计算引擎优化数据查询效率 5.5.3 能通过计算平台构建检索分析系统	5.5.1 大规模并行分析数据库知识 5.5.2 数据立方知识 5.5.3 查询引擎知识 5.5.4 数据分词知识
6. 大数据分析与挖掘	6.1 数据预处理	6.1.1 能根据数据质量要求制定数据清洗策略及评估方案 6.1.2 能根据业务要求制定数据整合方案 6.1.3 能根据业务需求及性能要求设计数据结构及格式调整方案 6.1.4 能根据归一性需求制定数据规约方案 6.1.5 能根据业务需求编写自定义数据预处理函数 6.1.6 能根据数据特征及规律，制定数据采样方案	6.1.1 数据格式线性变换知识 6.1.2 数据清洗需求分析方法 6.1.3 数据清洗方案设计知识
	6.2 数据分析	6.2.1 能根据分析需求进行数据准备 6.2.2 能根据业务需求构建合适的分析模型 6.2.3 能使用合适的算法实现分析模型并对拟合结果进行优化 6.2.4 能分析数据的主成分及因子等相关特征，重构数据内容 6.2.5 能针对数据结果进行归纳并输出分析报告	6.2.1 多元统计分析知识 6.2.2 判别分析知识 6.2.3 聚类分析知识 6.2.4 主成分分析知识 6.2.5 因子分析知识 6.2.6 时间序列分析知识

续表

职业功能	工作内容	专业能力要求	相关知识要求
6. 大数据分析与挖掘	6.3 数据挖掘	6.3.1 能评估挖掘需求并选择合适方法对数据进行特征工程处理 6.3.2 能使用算法库及工具创建数据挖掘模型并进行模型训练 6.3.3 能选择合适评价指标对模型进行验证及调优 6.3.4 能选择合适评价指标对模型进行测试并输出最终模型的性能评估报告 6.3.5 能使用编程语言对模型进行部署和重构	6.3.1 模型训练知识 6.3.2 模型测试知识 6.3.3 模型部署知识
	6.4 数据可视化	6.4.1 能根据业务需求及分析结果，制定数据展示方案 6.4.2 能设计数据可视化实现方式 6.4.3 能与产品、运营人员合作美化数据报表及数据展示页面 6.4.4 能开发并优化数据可视化组件库 6.4.5 能对数据可视化结果进行业务分析并输出分析报告	6.4.1 数据可视化设计知识 6.4.2 可视化组件库开发知识
7. 大数据管理	7.1 数据管理	7.1.1 能制定数据标准管理制度，通过制度约束、系统控制等手段提高平台治理水平 7.1.2 能制定数据质量管理规范，确保平台数据质量符合规范 7.1.3 能制定数据生命周期管理规范、数据血缘关系管理规范 7.1.4 能制定安全审计要求，确保数据活动过程和相关操作符合安全要求	7.1.1 数据标准管理知识 7.1.2 数据质量管理知识 7.1.3 数据生命周期管理知识 7.1.4 数据安全知识
	7.2 数据管理评估	7.2.1 能独立开展 DCMM 调研访谈，收集、解读评估材料 7.2.2 能运用评估表等工具进行 DCMM 评估 7.2.3 能分析企业数据管理现状，识别数据管理问题及改进项，给出数据管理能力成熟度等级建议	7.2.1 DCMM 评估方法 7.2.2 数据治理知识

3.3 高级

职业功能	工作内容	专业能力要求	相关知识要求
1. 大数据应用开发	1.1 大数据组件技术研发	1.1.1 能根据相关论文、材料实现存储、计算功能的分布式并行算法 1.1.2 能根据算法构造存储、读写或处理工具的海量数据计算引擎 1.1.3 能根据应用需求开发基于计算引擎的算子、函数或方法 1.1.4 能根据算子、函数或方法，构造队列或流程，实现计算作业功能	1.1.1 分布式算法 1.1.2 计算引擎开发知识
	1.2 应用服务开发	1.2.1 能根据系统架构，规划各项组件接口规范 1.2.2 能根据业务功能，设计接口权限及参数规范 1.2.3 能对整体系统进行数据打通方案设计 1.2.4 能对整体系统进行库表结构设计及优化 1.2.5 能对整体系统的数据传输、缓存、推送设计方案	1.2.1 软件应用接口开发知识 1.2.2 数据通信知识 1.2.3 数据缓存知识 1.2.4 消息中间件知识
	1.3 系统测试	1.3.1 能根据产品说明文档，规划系统测试计划 1.3.2 能根据测试计划，协调人力、设备等测试资源 1.3.3 能根据测试需求，编制测试脚本 1.3.4 能根据性能需求，进行系统深度性能优化测试	1.3.1 自动化测试脚本技术 1.3.2 测试工具开发方法
2. 大数据系统搭建	2.1 硬件系统搭建	2.1.1 能根据安全施工规范，整体规划硬件设施安全方案 2.1.2 能根据应用需求，规划网络配置实施方案 2.1.3 能根据产品特性，制定统一施工标准 2.1.4 能根据系统部署方案，与产品开发部门整体规划硬件承载、配置及扩展方案 2.1.5 能根据不同硬件设施，制定故障处理规范及流程	2.1.1 安全施工规范 2.1.2 硬件产品知识 2.1.3 故障管理知识

续表

职业功能	工作内容	专业能力要求	相关知识要求
2. 大数据系统搭建	2.2 软件系统部署	2.2.1 能根据权限安全规范，制定软件权限安全方案 2.2.2 能根据系统组件关系，配置组件使用权限 2.2.3 能根据产品特性，制定部署及升级策略 2.2.4 能根据集群组件特性，制定高可用及容灾策略 2.2.5 能根据调试结果，制定部署优化方案	2.2.1 权限安全规范 2.2.2 软件产品交付知识 2.2.3 联邦集群知识 2.2.4 异地多活知识
3. 大数据平台管理与运维	3.1 平台管理	3.1.1 能评估应用变更风险，发布应用变更计划，管控变更流程，总结变更报告 3.1.2 能根据软件部署方式，制定各类组件应用变更或版本更迭方案 3.1.3 能制定代码管理规范并配置代码仓库管理系统 3.1.4 能制定各部门平台功能使用权限规范	3.1.1 风险管理知识 3.1.2 应用变更知识 3.1.3 代码管理知识 3.1.4 权限管理知识
	3.2 系统运维	3.2.1 能规划监控指标，制定监控管理规范 3.2.2 能开发监控脚本 3.2.3 能对系统性能进行调优 3.2.4 能使用数据挖掘方法挖掘潜在故障 3.2.5 能对故障事故进行复盘，编写故障预防规范 3.2.6 能定期组织容灾备份演练	3.2.1 性能指标知识 3.2.2 负载均衡知识 3.2.3 故障分析方法 3.2.4 容灾备份知识
	3.3 安全维护	3.3.1 能根据安全规范制定风险预警等级 3.3.2 能明确安全需求，审核并制定权限管理规范和数据分类分级 3.3.3 能制定应急管理策略并定期组织安全演练 3.3.4 能根据漏洞测试报告和突发事件应对策略，评估系统潜在风险 3.3.5 能构建系统安全机制并完成对安全系统的开发工作	3.3.1 安全规范知识 3.3.2 应急管理知识

续表

职业功能	工作内容	专业能力要求	相关知识要求
4. 大数据技术服务	4.1 技术咨询	4.1.1 能建立目标市场分析模型，分析行业需求 4.1.2 能整体输出产品解决方案 4.1.3 能独立解决客户技术咨询难题，并提供技术解决方案 4.1.4 能参与项目架构设计与产品设计，并提出建设性意见	4.1.1 大数据架构分析知识 4.1.2 大数据产品设计知识
	4.2 解决方案设计	4.2.1 能根据产品功能设计和技术架构，输出产品的配套文档，并根据项目需求针对性设计项目解决方案 4.2.2 能与业务部门合作引导和挖掘客户需求，并输出解决方案 4.2.3 能挖掘行业普遍需求，提炼产品价值特征，整理竞品分析报告 4.2.4 能主动分析与挖掘市场情况，对市场策略制定提出建议	4.2.1 项目管理方法 4.2.2 需求分析技术
	4.3 指导与培训	4.3.1 能结合技术发展方向，调研大数据先进技术并进行技术团队建设 4.3.2 能分析现有大数据产品技术体系及可优化方向，并向技术团队培训 4.3.3 能整理大数据产品操作手册，并指导技术或非技术人员产品使用方法	4.3.1 技术调研方法 4.3.2 团队组建知识 4.3.3 产品操作手册制作方法
	4.4 流程优化与管理	4.4.1 能建立业务需求收集业务指标数据，并根据实际数据建立业务分析模型 4.4.2 能根据数据分析情况指导业务开展及流程优化 4.4.3 能管理不同业务部门的开发生产活动	4.4.1 流程优化知识 4.4.2 运营管理知识

续表

职业功能	工作内容	专业能力要求	相关知识要求
5. 大数据处理与应用	5.1 数据采集	5.1.1 能根据业务场景制定数据采集策略并监控采集情况 5.1.2 能根据业务场景制定数据迁移策略并监测迁移情况 5.1.3 能根据业务及性能需求设计消息传输及推送方案 5.1.4 能根据业务需求及依赖关系设计调度方案 5.1.5 能根据业务需求及存储应用设计存储策略	5.1.1 数据采集与迁移策略 5.1.2 依赖调度原理知识 5.1.3 存储架构知识
	5.2 数据建模	5.2.1 能制定数据建模流程规范 5.2.2 能根据业务需求，对模型进行优化 5.2.3 能跨团队部门协作，系统性分析并解决各类数据平台相关的运行或数据问题 5.2.4 能根据设计方法，构建面向服务或数据的数据建模体系架构	5.2.1 数据平台设计知识 5.2.2 数据建模知识 5.2.3 SOA/DOA 体系结构知识
	5.3 数据预处理	5.3.1 能根据质量要求，制定数据清洗流程规范 5.3.2 能根据数据处理需求，制定统一数据预处理方案 5.3.3 能根据作业存在风险，制定预处理异常处理机制 5.3.4 能根据系统特性，优化预处理系统性能指标	5.3.1 数据清洗流程规范 5.3.2 语法树解析知识
	5.4 数据计算	5.4.1 能根据业务需求设计离线或实时数据计算算法 5.4.2 能制定数据标签库管理及规范 5.4.3 能制定数据计算开发流程及规范 5.4.4 能根据业务规则对关系对象进行图计算	5.4.1 数据算法设计方法 5.4.2 数据分区及缓存知识 5.4.3 外部程序管道知识 5.4.4 图计算知识

续表

职业功能	工作内容	专业能力要求	相关知识要求
5. 大数据处理与应用	5.5 数据查询	5.5.1 能制定数据查询操作流程及规范 5.5.2 能深入计算引擎对底层代码进行优化以提升查询性能 5.5.3 能制定对外数据接口规范及权限	5.5.1 计算引擎优化知识 5.5.2 索引优化知识 5.5.3 驱动器与执行器知识
6. 大数据分析与挖掘	6.1 数据分析	6.1.1 能结合理论和业务实际，进行大数据分析相关算法研究 6.1.2 能针对研究结果设计分析算法并指导算法模型实现 6.1.3 能针对现有算法提出新的改进和优化方法，建立新的分析体系	6.1.1 大数据分析算法 6.1.2 综合评价方法知识
	6.2 数据挖掘	6.2.1 能根据理论研究及数学原理，构建并行挖掘算法 6.2.2 能根据挖掘性能及业务特征，优化挖掘算法 6.2.3 能根据业务特性，制定合适的挖掘模型评价指标 6.2.4 能对挖掘模型使用的多源异构数据源进行适配	6.2.1 大数据挖掘算法 6.2.2 机器学习知识 6.2.3 语义分析知识
	6.3 数据可视化	6.3.1 能根据业务分析需求及分析结果，指导数据展示方案制定 6.3.2 能研发并设计前端图表展示功能代码 6.3.3 能完成可视化组件开发、封装及优化 6.3.4 能对数据可视化结果进行业务分析并输出分析报告	6.3.1 前端展示需求分析方法 6.3.2 前端优化技术

续表

职业功能	工作内容	专业能力要求	相关知识要求
7. 大数据管理	7.1 数据规划	7.1.1 能结合企业发展目标制定数据战略 7.1.2 能根据主流的企业架构框架设计大数据框架 7.1.3 能制定企业级数据管理解决方案、技术路线和标准规范 7.1.4 能推动企业实施数据管理 7.1.5 能定制定元模型标准 7.1.6 能制定数据资产管理规则，注册入库数据资产信息，并进行数据资产维护	7.1.1 整体规划知识 7.1.2 经营管理知识 7.1.3 产品优化知识 7.1.4 系统架构知识 7.1.5 数据资产管理知识
	7.2 数据管理评估	7.2.1 能编写、分析 DCMM 评估报告 7.2.2 能解读 DCMM 模型并组织现场评估 7.2.3 能建立企业数据管理组织和制度 7.2.4 能指导企业实施 DCMM 改进	7.2.1 DCMM 评估报告的结构和内容 7.2.2 企业业务流程优化和再造知识 7.2.3 成熟度模型改进知识

4. 权重表

4.1 理论知识权重表

项目 \ 专业技术等级		初级（%）			中级（%）			高级（%）
		大数据处理方向	大数据分析方向	大数据管理方向	大数据处理方向	大数据分析方向	大数据管理方向	
基本要求	职业道德	5	5	5	5	5	5	5
	基础知识	20	20	25	15	15	25	10
相关知识要求	大数据应用开发	—	—	—	15	15	—	15
	大数据系统搭建	20	20	—	15	15	—	10
	大数据平台管理与运维	20	20	25	20	20	20	10
	大数据技术服务	10	10	20	10	10	20	15
	大数据处理与应用	25	—	—	20	—	—	10

续表

项目 \ 专业技术等级		初级（%）			中级（%）			高级（%）
		大数据处理方向	大数据分析方向	大数据管理方向	大数据处理方向	大数据分析方向	大数据管理方向	
相关知识要求	大数据分析与挖掘	—	25	—	—	20	—	15
	大数据管理	—	—	25	—	—	30	10
合计		100	100	100	100	100	100	100

4.2 专业能力要求权重表

项目 \ 专业技术等级		初级（%）			中级（%）			高级（%）
		大数据处理方向	大数据分析方向	大数据管理方向	大数据处理方向	大数据分析方向	大数据管理方向	
专业能力要求	大数据应用开发	—	—	—	15	15	—	15
	大数据系统搭建	30	30	—	15	15	—	10
	大数据平台管理与运维	20	20	20	25	25	20	20
	大数据技术服务	10	10	20	15	15	20	20
	大数据处理与应用	40	—	—	30	—	—	10
	大数据分析与挖掘	—	40	—	—	30	—	15
	大数据管理	—	—	60	—	—	60	10
合计		100	100	100	100	100	100	100

5. 附录

参考文献

[1] GB/T 35589—2017《信息技术　大数据　技术参考模型》相关知识
[2] GB/T 35295—2017《信息技术　大数据　术语》相关知识
[3] GB/T 38673—2020《信息技术　大数据　大数据系统基本要求》相关知识
[4] GB/T 37721—2019《信息技术　大数据分析系统功能要求》相关知识
[5] GB/T 37722—2019《信息技术　大数据存储与处理系统功能要求》相关知识
[6] GB/T 36073—2018《数据管理能力成熟度评估模型》相关知识

区块链工程技术人员国家职业技术技能标准

（2021 年版）

1. 职业概况

1.1 职业名称

区块链工程技术人员

1.2 职业编码

2-02-10-15

1.3 职业定义

从事区块链架构设计、底层技术、系统应用、系统测试、系统部署、运行维护的工程技术人员。

1.4 专业技术等级

本职业共设三个等级，分别为初级、中级、高级。

1.5 职业环境条件

室内，常温。

1.6 职业能力特征

具有一定的学习、分析、推理和判断能力，具有一定的表达能力、计算能力。

1.7 普通受教育程度

大学专科学历（或高等职业学校毕业）。

1.8 职业培训要求

1.8.1 培训期限

区块链工程技术人员需按照本《标准》的职业要求参加有关课程培训，完成规定学时，取得学时证明。初级 80 标准学时，中级 64 标准学时，高级 64 标准学时。

1.8.2 培训教师

承担初级、中级理论知识或专业能力培训任务的人员，应具有区块链工程技术人员中级及以上专业技术等级或相关专业中级及以上职称。

承担高级理论知识或专业能力培训任务的人员，应具有区块链工程技术人员高级专业技术等级或相关专业高级职称。

1.8.3 培训场所设备

理论知识和专业能力培训所需场地为标准教室或线上平台，必备的教学仪器设备包括计算机、网络、软件及相关硬件设备。

1.9 专业技术考核要求

1.9.1 申报条件

——取得初级培训学时证明，并具备以下条件之一者，可申报初级专业技术等级：

（1）取得技术员职称。

（2）具备相关专业大学本科及以上学历（含在读的应届毕业生）。

（3）具备相关专业大学专科学历，从事本职业技术工作满 1 年。

（4）技工院校毕业生按国家有关规定申报。

——取得中级培训学时证明，并具备以下条件之一者，可申报中级专业技术等级：

（1）取得助理工程师职称后，从事本职业技术工作满 2 年。

（2）具备大学本科学历，或学士学位，或大学专科学历，取得初级专业技术等级后，从事本职业技术工作满 3 年。

（3）具备硕士学位或第二学士学位，取得初级专业技术等级后，从事本职业技术工作满 1 年。

（4）具备相关专业博士学位。

（5）技工院校毕业生按国家有关规定申报。

——取得高级培训学时证明，并具备以下条件之一者，可申报高级专业技术等级：

（1）取得工程师职称后，从事本职业技术工作满 3 年。

（2）具备硕士学位，或第二学士学位，或大学本科学历，或学士学位，取得中级专业技术等级后，从事本职业技术工作满 4 年。

（3）具备博士学位，取得中级专业技术等级后，从事本职业技术工作满 1 年。

（4）技工院校毕业生按国家有关规定申报。

1.9.2 考核方式

从理论知识和专业能力两个维度对专业技术水平进行考核。各项考核均实行百分制，成绩皆达 60 分（含）以上者为合格。考核合格者获得相应专业技术等级证书。

理论知识考试采用笔试、机考方式进行，主要考查区块链工程技术人员从事本职业应掌握的基本知识和专业知识。专业能力考核采用专业设计、模拟操作等实验考核方式进行，主要考查区块链工程技术人员从事本职业应具备的实际工作能力。

1.9.3 监考人员、考评人员与考生配比

理论知识考试监考人员与考生配比不低于 1∶15，且每个考场不少于 2 名监考人员；专业能力考核中的考评人员与考生配比不低于 1∶10，且考评人员为 3 人（含）以上单数。

1.9.4 考核时间

理论知识考试时间不少于 90 min；专业能力考核时间不少于 60 min。

1.9.5 考核场所设备

理论知识考试和专业能力考核所需场地为标准教室或线上平台，必备的考核仪器设备包括计算机、网络、软件及相关硬件设备。

2. 基本要求

2.1 职业道德

2.1.1 职业道德基本知识

2.1.2 职业守则

（1）遵守法律，保守秘密。
（2）尊重科学，客观公正。
（3）诚实守信，恪守职责。
（4）爱岗敬业，服务大众。
（5）勤奋进取，精益求精。
（6）团结协作，勇于创新。
（7）乐于奉献，廉洁自律。

2.2 基础知识

2.2.1 计算机基础知识

（1）计算机硬件知识。
（2）计算机软件知识。
（3）计算机网络知识。
（4）计算机系统配置方法。
（5）数据库知识。
（6）软件工程知识。
（7）信息安全知识。
（8）标准化知识。

2.2.2 区块链基础知识

（1）数据结构基础知识。
（2）点对点对等网络基础知识。
（3）分布式系统基础知识。
（4）密码学基础知识。
（5）共识机制基础知识。
（6）智能合约基础知识。

2.2.3 信息系统运行管理知识

（1）系统管理知识。
（2）资源管理知识。
（3）安全管理知识。
（4）系统维护知识。
（5）系统评价知识。

2.2.4 相关法律、法规知识

（1）《中华人民共和国劳动法》相关知识。
（2）《中华人民共和国民法典》相关知识。
（3）《中华人民共和国网络安全法》相关知识。
（4）《中华人民共和国密码法》相关知识。
（5）《中华人民共和国专利法》相关知识。
（6）《计算机软件保护条例》相关知识。

3. 工作要求

本标准对初级、中级、高级三个等级的专业能力要求和相关知识要求依次递进，高级别涵盖低级别的要求。

3.1 初级

职业功能	工作内容	专业能力要求	相关知识要求
1. 开发应用系统	1.1 开发智能合约	1.1.1 能使用程序语言和开发环境开发智能合约 1.1.2 能使用开发环境测试智能合约	1.1.1 应用系统语言基础和开发环境概念 1.1.2 智能合约编程方法

续表

职业功能	工作内容	专业能力要求	相关知识要求
1. 开发应用系统	1.2 开发功能模块	1.2.1 能使用软件开发框架实现人机交互界面功能 1.2.2 能使用代码调用区块链底层系统软件开发包实现模块所需功能 1.2.3 能使用代码调用智能合约实现模块所需功能	1.2.1 应用软件系统开发框架原理 1.2.2 应用软件系统开发方法
2. 测试系统	2.1 测试系统功能	2.1.1 能使用测试工具或测试方法测试系统功能 2.1.2 能执行功能测试用例 2.1.3 能撰写功能测试报告	2.1.1 操作系统基础和数据库基础概念 2.1.2 软件测试基础概念 2.1.3 缺陷管理方法 2.1.4 功能测试报告规范
	2.2 测试系统接口	2.2.1 能使用工具测试接口 2.2.2 能撰写接口测试报告	2.2.1 接口测试基础概念 2.2.2 接口测试方法 2.2.3 接口测试报告规范
	2.3 测试系统性能	2.3.1 能使用测试工具或测试方法测试系统性能 2.3.2 能撰写性能测试报告	2.3.1 性能测试基础概念 2.3.2 性能测试工具使用方法 2.3.3 性能测试报告规范
	2.4 测试系统安全	2.4.1 能使用工具进行静态安全扫描 2.4.2 能使用工具进行动态安全扫描 2.4.3 能使用工具进行漏洞扫描和渗透测试 2.4.4 能使用工具进行数据层、网络层和应用层安全测试 2.4.5 能使用工具进行共识层、合约层基础性测试	2.4.1 静态安全扫描测试方法 2.4.2 动态安全扫描测试方法 2.4.3 漏洞扫描和渗透测试方法 2.4.4 数据层安全测试方法 2.4.5 网络层安全测试方法 2.4.6 共识层安全测试方法 2.4.7 合约层安全测试方法 2.4.8 应用层安全测试方法
3. 运行维护系统	3.1 准备运行环境	3.1.1 能根据系统部署方案配置服务器 3.1.2 能根据系统部署方案配置网络	3.1.1 计算机网络知识 3.1.2 操作系统安装配置知识 3.1.3 虚拟化知识

续表

职业功能	工作内容	专业能力要求	相关知识要求
3. 运行维护系统	3.2 部署和调试系统	3.2.1 能根据系统部署方案安装运行环境所需系统 3.2.2 能根据系统部署方案连接部署节点 3.2.3 能根据系统部署方案安装底层系统和应用系统 3.2.4 能根据系统部署方案调试区块链系统	3.2.1 系统网络基础概念 3.2.2 系统应用环境概念 3.2.3 应用体系架构概念 3.2.4 节点部署知识
	3.3 维护系统	3.3.1 能维护系统正常运行 3.3.2 能执行系统升级任务 3.3.3 能分析一般性系统异常问题 3.3.4 能解决一般性系统异常问题 3.3.5 能使用工具监控系统状态	3.3.1 系统运维方法 3.3.2 软件维护方法 3.3.3 监控平台和工具使用方法 3.3.4 运维案例实践方法 3.3.5 运维文档规范

3.2 中级

职业功能	工作内容	专业能力要求	相关知识要求
1. 设计应用系统	1.1 分析应用系统需求	1.1.1 能完成需求分析 1.1.2 能撰写需求分析文档	1.1.1 需求分析方法 1.1.2 需求分析文档规范
	1.2 设计应用系统功能模块	1.2.1 能使用软件工具设计功能逻辑 1.2.2 能使用软件工具设计交互界面 1.2.3 能撰写应用系统功能设计文档	1.2.1 应用系统功能设计方法 1.2.2 应用系统功能设计文档规范
	1.3 设计数据库结构	1.3.1 能使用软件工具分析数据存储结构 1.3.2 能使用软件工具设计数据存储结构	1.3.1 数据存储结构分析方法 1.3.2 数据存储结构设计方法
	1.4 设计智能合约	1.4.1 能使用软件工具设计智能合约 1.4.2 能使用设计语言和工具展示设计内容 1.4.3 能撰写应用系统技术设计文档	1.4.1 设计语言和工具概念 1.4.2 智能合约设计方法 1.4.3 应用系统技术设计文档规范

续表

职业功能	工作内容	专业能力要求	相关知识要求
2. 开发应用系统	2.1 开发组件	2.1.1 能开发应用系统的组件 2.1.2 能实现与其他系统集成	2.1.1 软件设计概念和原理 2.1.2 软件结构化设计知识 2.1.3 面向对象编程范式知识 2.1.4 面向服务架构知识
	2.2 开发接口	2.2.1 能开发应用系统接口 2.2.2 能完成应用系统接口单元测试	2.2.1 软件接口知识 2.2.2 单元测试知识
3. 测试系统	3.1 开发功能评测工具	3.1.1 能设计功能测试用例 3.1.2 能根据系统功能指标开发评测工具	3.1.1 功能评测指标要求 3.1.2 功能测试方法
	3.2 开发性能评测工具	3.2.1 能设计性能测试用例 3.2.2 能根据性能指标开发评测工具	3.2.1 性能评测指标要求 3.2.2 性能测试方法
	3.3 开发安全评测工具	3.3.1 能设计安全测试用例 3.3.2 能根据安全指标开发评测工具 3.3.3 能撰写安全测试计划和报告	3.3.1 安全评测指标要求 3.3.2 安全测试方法 3.3.3 安全测试计划规范 3.3.4 安全测试报告规范
4. 运行维护系统	4.1 支持应用系统	4.1.1 能分析用户提出的应用系统技术问题 4.1.2 能解决应用系统运行中出现的问题	4.1.1 技术支持服务方法 4.1.2 系统分析方法
	4.2 撰写文档规范	4.2.1 能撰写技术支持文档 4.2.2 能撰写应用系统运维规范	4.2.1 技术支持文档规范 4.2.2 应用系统运维规范
5. 培训与指导	5.1 培训	5.1.1 能编写初级培训讲义 5.1.2 能对初级人员进行知识和技术培训	5.1.1 培训讲义编写方法 5.1.2 培训教学方法
	5.2 指导	5.2.1 能指导初级人员解决应用系统开发和测试问题 5.2.2 能指导初级人员解决应用系统部署、调试和维护问题	5.2.1 实践教学方法 5.2.2 技术指导方法

3.3 高级

职业功能	工作内容	专业能力要求	相关知识要求
1. 设计应用系统	1.1 分析应用系统架构需求	1.1.1 能分析技术与业务需求 1.1.2 能分析系统架构 1.1.3 能选型系统架构 1.1.4 能撰写应用系统需求文档	1.1.1 技术选型和创新方法 1.1.2 应用系统技术标准和体系架构要求 1.1.3 新一代信息技术知识 1.1.4 新一代信息技术集成方法
	1.2 设计应用系统总体架构	1.2.1 能完成系统总体设计 1.2.2 能设计应用系统数据层、业务层和表现层 1.2.3 能设计系统部署方案	1.2.1 架构设计、系统设计、合约设计、应用设计方法 1.2.2 技术管理方法 1.2.3 监管框架与条例知识
	1.3 设计底层技术方案	1.3.1 能合理选择区块链底层技术方案 1.3.2 能设计区块链底层技术方案	1.3.1 软件和系统工程知识 1.3.2 业务流程建模方法 1.3.3 软硬件架构设计方法 1.3.4 系统性能评估方法
	1.4 设计底层架构层次和技术方案	1.4.1 能设计底层架构的基础设施层、核心层和服务层 1.4.2 能撰写底层架构设计文档和部署文档	1.4.1 区块链底层前沿理论和关键技术 1.4.2 区块链底层架构设计方法 1.4.3 底层架构文档规范 1.4.4 底层系统部署文档规范
	1.5 设计系统集成方案	1.5.1 能分析系统集成需求 1.5.2 能根据需求设计集成方案	1.5.1 公有链、联盟链技术体系知识 1.5.2 计算机系统、网络通信、信息安全和应用系统原理 1.5.3 系统软硬件集成方法
2. 测试系统	2.1 设计功能评测指标	2.1.1 能分析系统功能评测需求 2.1.2 能设计系统功能评测指标和参数要求	2.1.1 区块链功能评测指标 2.1.2 功能评测工具体系架构原理
	2.2 设计性能评测指标	2.2.1 能分析系统性能评测需求 2.2.2 能设计系统性能评测指标和参数要求	2.2.1 区块链性能评测指标 2.2.2 性能评测工具体系架构原理

续表

职业功能	工作内容	专业能力要求	相关知识要求
2. 测试系统	2.3 设计安全评测指标	2.3.1 能分析系统安全评测需求 2.3.2 能设计系统安全评测指标和参数要求	2.3.1 区块链安全评测指标 2.3.2 安全评测工具体系架构原理
3. 研发关键技术	3.1 研发共识算法	3.1.1 能撰写共识算法研究报告 3.1.2 能实现和优化共识算法	3.1.1 共识算法原理 3.1.2 共识算法评估方法
	3.2 研发分布式网络	3.2.1 能撰写分布式网络研究报告 3.2.2 能实现可扩展、高性能、高稳定性的分布式网络系统	3.2.1 点对点网络模型 3.2.2 网络节点交互协议 3.2.3 分布式存储原理
	3.3 研发隐私保护机制	3.3.1 能撰写隐私保护算法研究报告 3.3.2 能实现和优化隐私保护算法	3.3.1 密码学算法原理 3.3.2 隐私保护算法评估方法
	3.4 研发智能合约引擎	3.4.1 能撰写智能合约引擎研究报告 3.4.2 能实现和优化智能合约引擎	3.4.1 编译原理 3.4.2 虚拟机设计方法 3.4.3 存储设计方法
	3.5 研发跨链机制	3.5.1 能撰写跨链机制研究报告 3.5.2 能实现和优化跨链机制	3.5.1 治理机制原理 3.5.2 跨链数据概念 3.5.3 跨链事务原理 3.5.4 跨链安全原理
4. 技术咨询服务	4.1 设计解决方案	4.1.1 能撰写可行性研究咨询报告 4.1.2 能撰写技术规划和评估方案 4.1.3 能撰写区块链系统解决方案	4.1.1 咨询服务方法 4.1.2 可行性研究报告规范 4.1.3 技术解决方案规范
	4.2 撰写技术标准和规范	4.2.1 能参与起草区块链技术标准 4.2.2 能参与起草区块链技术规范	4.2.1 技术标准编写方法 4.2.2 技术规范编写方法
5. 培训与指导	5.1 培训	5.1.1 能编写中级及以下级别培训讲义 5.1.2 能对中级及以下级别人员进行技术培训	区块链新知识、新理论、新技术
	5.2 指导	5.2.1 能对中级及以下级别人员进行技术指导 5.2.2 能对中级及以下级别人员培训学习效果进行评估	效果评估方法

4. 权重表

4.1 理论知识权重表

项目 \ 专业技术等级		初级（%）	中级（%）	高级（%）
基本要求	职业道德	5	5	5
	基础知识	20	10	5
相关知识要求	开发应用系统	20	30	—
	测试系统	20	15	10
	运行维护系统	35	15	—
	设计应用系统	—	20	35
	研发关键技术	—	—	30
	技术咨询服务	—	—	10
	培训与指导	—	5	5
合计		100	100	100

4.2 专业能力要求权重表

项目 \ 专业技术等级		初级（%）	中级（%）	高级（%）
专业能力要求	开发应用系统	30	40	—
	测试系统	30	15	10
	运行维护系统	40	20	—
	设计应用系统	—	20	45
	研发关键技术	—	—	30
	技术咨询服务	—	—	10
	培训与指导	—	5	5
合计		100	100	100

人力资源社会保障部办公厅　工业和信息化部办公厅关于颁布集成电路工程技术人员等7个国家职业技术技能标准的通知

（人社厅发〔2021〕70号）

各省、自治区、直辖市及新疆生产建设兵团人力资源社会保障厅（局）、工业和信息化主管部门，中共海南省委人才发展局，各省、自治区、直辖市通信管理局：

根据《中华人民共和国劳动法》有关规定，人力资源社会保障部、工业和信息化部共同制定了集成电路工程技术人员等7个国家职业技术技能标准，现予颁布施行。

附件：7个国家职业技术技能标准目录

人力资源社会保障部办公厅　工业和信息化部办公厅

2021年9月29日

附件

7个国家职业技术技能标准目录

序号	职业编码	职业名称
1	2-02-09-06	集成电路工程技术人员
2	2-02-10-09	人工智能工程技术人员
3	2-02-10-10	物联网工程技术人员
4	2-02-10-12	云计算工程技术人员
5	2-02-10-13	工业互联网工程技术人员
6	2-02-10-14	虚拟现实工程技术人员
7	2-02-30-11	数字化管理师

集成电路工程技术人员国家职业技术技能标准

（2021 年版）

1. 职业概况

1.1 职业名称

集成电路工程技术人员

1.2 职业编码

2-02-09-06

1.3 职业定义

从事集成电路需求分析，集成电路架构设计，集成电路详细设计、测试验证、网表设计和版图设计的工程技术人员。

1.4 专业技术等级

本职业共设三个等级，分别为初级、中级、高级。

初级、中级、高级均分为三个职业方向：集成电路设计、集成电路工艺实现和集成电路封测。

1.5 职业环境条件

室内，常温。

1.6 职业能力特征

具有较强的学习、分析、计算、表达、推理判断能力。

1.7 普通受教育程度

大学专科学历（或高等职业学校毕业）。

1.8 职业培训要求

1.8.1 培训时间

集成电路工程技术人员需按照本《标准》的职业要求参加有关课程培训，完成规定学时，取得学时证明。初级 128 标准学时，中级 128 标准学时，高级 160 标准学时。

1.8.2 培训教师

承担初级、中级理论知识或专业能力培训任务的人员，应具有集成电路工程技术人员中级及以上专业技术等级或相关专业中级及以上职称。

承担高级理论知识或专业能力培训任务的人员，应具有集成电路工程技术人员高级专业技术等级或相关专业高级职称。

1.8.3 培训场所设备

理论知识培训在标准教室或线上平台进行，专业能力培训在配备相应设备和工具（软件）系统等的实训场所、工作现场或线上平台进行。

1.9 专业技术考核要求

1.9.1 申报条件

——取得初级培训学时证明，并具备以下条件之一者，可申报初级专业技术等级：

（1）取得技术员职称。

（2）具备相关专业大学本科及以上学历（含在读的应届毕业生）。

（3）具备相关专业大学专科学历，从事本职业技术工作满1年。

（4）技工院校毕业生按国家有关规定申报。

——取得中级培训学时证明，并具备以下条件之一者，可申报中级专业技术等级：

（1）取得助理工程师职称后，从事本职业技术工作满2年。

（2）具备大学本科学历，或学士学位，或大学专科学历，取得初级专业技术等级后，从事本职业技术工作满3年。

（3）具备硕士学位或第二学士学位，取得初级专业技术等级后，从事本职业技术工作满1年。

（4）具备相关专业博士学位。

（5）技工院校毕业生按国家有关规定申报。

——取得高级培训学时证明，并具备以下条件之一者，可申报高级专业技术等级：

（1）取得工程师职称后，从事本职业技术工作满3年。

（2）具备硕士学位，或第二学士学位，或大学本科学历，或学士学位，取得中级专业技术等级后，从事本职业技术工作满4年。

（3）具备博士学位，取得中级专业技术等级后，从事本职业技术工作满1年。

（4）技工院校毕业生按国家有关规定申报。

1.9.2 考核方式

从理论知识和专业能力两个维度对专业技术水平进行考核。各项考核均实行百分制，成绩皆达60分（含）以上者为合格。考核合格者获得相应专业技术等级证书。

理论知识考试采用笔试、机考方式进行，主要考查集成电路工程技术人员从事本职业应掌握的基本知识和专业知识；专业能力考核采用方案设计、实际操作等实践考核方式进行，主要考查集成电路工程技术人员从事本职业应具备的实际工作能力。

1.9.3 监考人员、考评人员与考生配比

理论知识考试监考人员与考生配比不低于1∶15，且每个考场不少于2名监考人员；专业能力考核中的考评人员与考生配比不低于1∶10，且考评人员为3人（含）以上单数。

1.9.4 考核时间

理论知识考试时间不少于90分钟；专业能力考核时间不少于150分钟。

1.9.5 考核场所设备

理论知识考试在标准教室或线上平台进行；专业能力考核在配备相应设备和工具（软件）系统等的实训场所、工作现场或线上平台进行。

2. 基本要求

2.1 职业道德

2.1.1 职业道德基本知识

2.1.2 职业守则

（1）爱国敬业，遵守法律。
（2）尊重科学，客观公正。
（3）诚实守信，恪守职责。
（4）勤奋进取，精益求精。

2.2 基础知识

2.2.1 专业基础知识

（1）半导体物理与器件知识。
（2）信号与系统知识。
（3）模拟电路知识。
（4）数字电路知识。
（5）微机原理知识。
（6）集成电路工艺流程知识。
（7）集成电路计算机辅助设计知识。

2.2.2 技术基础知识

（1）硬件描述语言知识。
（2）电子设计自动化工具知识。
（3）集成电路设计流程知识。

（4）集成电路制造工艺开发知识。
（5）集成电路封装设计知识。
（6）集成电路测试技术及失效分析知识。

2.2.3 其他相关知识

（1）安全知识。
（2）知识产权知识。
（3）环境保护知识。

2.2.4 相关法律、法规知识

（1）《中华人民共和国劳动法》相关知识。
（2）《中华人民共和国劳动合同法》相关知识。
（3）《中华人民共和国标准化法》相关知识。
（4）《中华人民共和国知识产权法》相关知识。
（5）《中华人民共和国网络安全法》相关知识。
（6）《中华人民共和国密码法》相关知识。

3. 工作要求

本《标准》对初级、中级、高级的专业能力要求和相关知识要求依次递进，高级别涵盖低级别的要求。

3.1 初级

集成电路设计方向的职业功能包括模拟与射频集成电路设计、数字集成电路设计、集成电路测试设计与分析、设计类电子设计自动化工具开发与测试。集成电路工艺实现方向的职业功能包括集成电路工艺开发与维护、集成电路测试设计与分析、生产制造类电子设计自动化工具开发与测试。集成电路封测方向的职业功能包括模拟与射频集成电路设计、数字集成电路设计、集成电路封装研发与制造、集成电路测试设计与分析、生产制造类电子设计自动化工具开发与测试。

职业功能	工作内容	专业能力要求	相关知识要求
1. 模拟与射频集成电路设计	1.1 模拟与射频集成电路原理设计	1.1.1 能根据电路图、工艺文件和模型文件，分析电路的具体工作原理 1.1.2 能根据功能定义，完成基本功能模块的设计或电路结构的简单优化 1.1.3 能使用设计类电子设计自动化工具，完成基本电路模块的功能仿真	1.1.1 元器件参数及模型知识 1.1.2 基础电路结构知识

续表

职业功能	工作内容	专业能力要求	相关知识要求
1. 模拟与射频集成电路设计	1.2 模拟与射频集成电路版图设计	1.2.1 能根据工艺流程和设计文件，完成器件的结构特点分析 1.2.2 能根据工艺设计规则，使用设计工具，完成简单版图设计 1.2.3 能根据工艺设计规则，使用检查工具，完成版图的设计规则检查、电路版图间的匹配检查及寄生参数提取	1.2.1 工艺流程基础知识 1.2.2 版图设计工具基本操作知识 1.2.3 器件版图结构知识
2. 数字集成电路设计	2.1 数字集成电路前端设计	2.1.1 能根据硬件描述语言代码，分析数字电路基础逻辑功能的设计原理 2.1.2 能根据功能规范，使用硬件描述语言进行数字电路基础功能模块的设计开发 2.1.3 能使用仿真工具对代码进行仿真、编译和调试，完成功能仿真	2.1.1 数字逻辑电路基础知识 2.1.2 硬件描述语言基础知识
	2.2 数字集成电路验证	2.2.1 能根据数字电路设计方案，提取验证功能点，撰写简单的数字电路验证文档 2.2.2 能使用计算机高级编程语言与脚本解释程序，开发简单的模块级数字电路验证环境，并正确分析数字电路的逻辑时序 2.2.3 能使用数字电路电子设计自动化工具，进行模块级数字电路测试及覆盖率分析	2.2.1 数字集成电路设计及验证基础知识 2.2.2 计算机高级编程语言、硬件描述语言、脚本编写语言的基础使用知识 2.2.3 数字电路覆盖率分析基础知识

续表

职业功能	工作内容	专业能力要求	相关知识要求
2. 数字集成电路设计	2.3 数字集成电路后端设计	2.3.1 能根据前端设计要求，编写数字后端流程的脚本文件 2.3.2 能完成基础数字电路后端布局规划、电源规划、时钟树综合、布局布线、ECO[①] 等流程 2.3.3 能对数字集成电路版图进行物理验证 2.3.4 能使用工具对数字后端流程的标准单元库进行规范化操作 2.3.5 能使用数字后端电子设计自动化工具进行基本操作	2.3.1 数字后端脚本语言基础知识 2.3.2 时序电路基础知识
	2.4 可测性设计	2.4.1 能根据设计方案、电路架构和制造工艺，撰写模块级集成电路的可测性设计方案 2.4.2 能根据可测性设计方案，使用可测性设计工具，完成简单模块的 DFT 测试向量生成以及简单模块测试向量插入后的仿真验证 2.4.3 能进行 DFT 仿真验证的调试，定位跟踪问题	2.4.1 集成电路可测性设计知识 2.4.2 集成电路量产测试知识 2.4.3 集成电路可测性设计相关电子设计自动化工具的操作知识
3. 集成电路工艺开发与维护	3.1 工艺设备维护	3.1.1 能撰写和更新设备的标准作业流程、异常处理、风险管控等技术文件 3.1.2 能完成工艺设备的日常维护保养，排除简单的设备故障	3.1.1 集成电路工艺设备使用和维护知识 3.1.2 半导体工艺制程知识
	3.2 工艺技术开发	3.2.1 能完成简单工艺研发、调试优化、工艺管控及生产维护 3.2.2 能完成数据收集，定性分析工艺问题，提供解决方案 3.2.3 能完成工艺模型提取和验证，制订器件管控指标，选择可靠性标准	3.2.1 工艺设备和系统的操作知识 3.2.2 试验操作和样品分析知识 3.2.3 器件工艺仿真知识

① 本《标准》涉及术语详见附录。

续表

职业功能	工作内容	专业能力要求	相关知识要求
3. 集成电路工艺开发与维护	3.3 工艺优化与整合	3.3.1 能完成工艺和设计方案优化，提高产品性能及良率 3.3.2 能分析和处理工艺制程中的异常情况 3.3.3 能进行量产产品的可靠性监控及数据分析	3.3.1 集成电路工艺原理知识 3.3.2 工艺可靠性控制知识 3.3.3 数据分析知识
	3.4 工艺维护与改进	3.4.1 能进行工艺的日常维护 3.4.2 能及时处理产品和设备异常、资材短缺等问题，确保生产线连续平顺运转 3.4.3 能改善工艺控制，使用统计过程控制和相关统计方法，提高工艺参数综合制程能力 3.4.4 能建立监控体系，制订监控规范，实时监控产品制程异常和产品缺陷	3.4.1 工艺制程监控相关知识 3.4.2 统计过程控制稳定性监控、六西格玛等相关知识
4. 集成电路封装研发与制造	4.1 集成电路封装设计与仿真	4.1.1 能完成封装设计需求沟通、信息导入与可行性评估 4.1.2 能完成封装基本需求设计 4.1.3 能完成封装仿真建模与仿真分析 4.1.4 能完成封装仿真技术报告撰写	4.1.1 封装设计、仿真基础知识 4.1.2 封装设计、仿真工具基本操作知识
	4.2 集成电路封装工艺制造	4.2.1 能确定封装工艺制造方案 4.2.2 能完成封装工艺调试与设备维护 4.2.3 能完成封装产品生产和撰写报告	4.2.1 封装工艺流程基础知识 4.2.2 封装工艺设备基本操作知识

续表

职业功能	工作内容	专业能力要求	相关知识要求
5. 集成电路测试设计与分析	5.1 仪器设备维护	5.1.1 能完成测试仪器设备的日常维护保养，处理常见软硬件异常，排除简单故障 5.1.2 能完成简单的测试异常数据分析及原因查找 5.1.3 能评估、管理和执行改善提案，提升仪器设备产出效能及产品质量	5.1.1 集成电路测试仪器设备相关使用知识 5.1.2 仪器设备量值溯源知识 5.1.3 测试数据分析知识
	5.2 测试方案设计与优化	5.2.1 能根据客户提供的集成电路设计规范和测试设备规格，依据标准设计简单集成电路的电参数测试和可靠性试验方案 5.2.2 能根据具体测试设备和测试方案编写和调试测试程序 5.2.3 能设计简单的测试电路板、探针卡等测试硬件，并完成对测试硬件的调试验证 5.2.4 能分析和解决测试产品中的异常问题	5.2.1 集成电路的电参数测试相关知识 5.2.2 性能测试和可靠性试验相关标准知识 5.2.3 测试硬件设计知识
	5.3 结果数据分析与处理	5.3.1 能监控和分析测试数据，发现相应的测试问题并进行优化 5.3.2 能完成测试结果的统计分析和测试报告的编写	5.3.1 测试结果采集、存储和计算知识 5.3.2 数据统计分析知识
6. 设计类电子设计自动化工具开发与测试	6.1 模拟和混合信号集成电路设计工具开发与测试	6.1.1 能使用基本器件搭建简单的模拟电路图（如运放）和数字电路图（如基本逻辑门），并编程将电路图转换为 SPICE 网表 6.1.2 能进行 SPICE 模型文件及网表的语法检查、分析，并抽象成方程组和矩阵 6.1.3 能编程实现基本的数值计算	6.1.1 初等拓扑知识 6.1.2 初等数值计算基础知识 6.1.3 SPICE 计算基础知识
	6.2 数字集成电路设计工具开发与测试	6.2.1 能进行硬件描述语言的语法检查、分析和编译相关模块的开发 6.2.2 能根据算法和流程图的要求，使用编程语言实现基于平面几何图形的分析和运算	6.2.1 初等硬件描述语言知识 6.2.2 初等计算几何知识

续表

职业功能	工作内容	专业能力要求	相关知识要求
7. 生产制造类电子设计自动化工具开发与测试	7.1 集成电路制造类工具开发与测试	7.1.1 能结合集成电路产线的实测数据，进行器件建模和工艺设计库建库的工具开发 7.1.2 能使用模拟全流程电子设计自动化系统，对器件模型和工艺设计库进行验证	7.1.1 初等优化建模类算法知识 7.1.2 模拟全流程电子设计自动化系统使用知识
	7.2 集成电路封测与电子系统类工具开发测试	7.2.1 能根据电子元器件和集成电路的封装类型和管脚结构进行方案设计 7.2.2 能使用编程语言实现基于平面几何图形的分析和运算	7.2.1 印制电路板设计基础知识 7.2.2 初等计算几何知识

3.2 中级

集成电路设计方向的职业功能包括模拟与射频集成电路设计、数字集成电路设计、集成电路测试设计与分析、设计类电子设计自动化工具开发与测试。集成电路工艺实现方向的职业功能包括模拟与射频集成电路设计、集成电路工艺开发与维护、集成电路测试设计与分析、生产制造类电子设计自动化工具开发与测试。集成电路封测方向的职业功能包括模拟与射频集成电路设计、数字集成电路设计、集成电路封装研发与制造、集成电路测试设计与分析、生产制造类电子设计自动化工具开发与测试。

职业功能	工作内容	专业能力要求	相关知识要求
1. 模拟与射频集成电路设计	1.1 模拟与射频集成电路原理设计	1.1.1 能根据应用需求，确定设计指标，完成电路模块架构设计 1.1.2 能对电路模块进行各性能参数仿真验证，并根据仿真结果进行电路优化 1.1.3 能完成电路版图设计规划，制订电路模块的测试与验证方案	1.1.1 模拟与射频集成电路设计知识 1.1.2 半导体工艺和器件知识
	1.2 模拟与射频集成电路版图设计	1.2.1 能根据电路原理图，完成对复杂电路模块版图及其接口的布局和规划 1.2.2 能根据工艺设计规则，完成版图的物理验证，并对检查出的异常进行优化设计，完成复杂电路模块仿真及版图设计 1.2.3 能结合版图设计，完成失效分析	1.2.1 版图设计与优化知识 1.2.2 集成电路失效机理知识

续表

职业功能	工作内容	专业能力要求	相关知识要求
2. 数字集成电路设计	2.1 数字集成电路前端设计	2.1.1 能根据应用需求与电路整体架构，确定复杂数字电路功能模块架构、可测性方案及实施方案 2.1.2 能根据复杂数字电路功能模块的指标要求，完成相应 RTL 设计、仿真、逻辑综合、一致性检查、静态时序分析、功能验证等设计流程	2.1.1 可测性方案设计知识 2.1.2 大规模数字集成电路设计流程知识
	2.2 数字集成电路验证	2.2.1 能根据复杂数字电路模块的设计方案，提取验证功能点，撰写数字模块验证方案，开发接口和应用场景的测试用例 2.2.2 能使用数字电路验证工具，基于验证语言和脚本语言，开发复杂数字电路验证环境 2.2.3 能进行复杂数字电路的调试，定位跟踪问题，并对问题的解决方案提出建议	2.2.1 验证方法学知识 2.2.2 数字电路验证流程知识 2.2.3 验证语言和脚本语言知识
	2.3 数字集成电路后端设计	2.3.1 能根据集成电路前端设计与整体版图规划，确定复杂数字电路模块的版图布局与实施方案 2.3.2 能根据指标要求和功能定义，采用数字后端电子自动化设计工具，完成复杂数字电路模块布图规划、电源规划和时序收敛等设计流程 2.3.3 能基于后端设计工具，实现电路版图功耗、性能与面积等指标的评估与优化 2.3.4 能对单元库的完整性、一致性、时序功耗等指标进行综合验证与质量评估	2.3.1 数字集成电路工艺库知识 2.3.2 数字后端电子设计自动化工具的操作知识

续表

职业功能	工作内容	专业能力要求	相关知识要求
2. 数字集成电路设计	2.4 可测性设计	2.4.1 能根据集成电路量产测试的要求，确定可测性设计指标，完成可测性设计实施方案和架构设计，并完成可测性设计的代码开发 2.4.2 能根据集成电路量产投片的测试结果，优化可测性设计方案，提升测试向量覆盖率，降低漏筛率 2.4.3 能基于验证数据，开发测试模式下的验证案例，达到集成电路前后仿真的覆盖率要求 2.4.4 能基于后端数据，完善测试电路结构，实现测试模式下的时序收敛 2.4.5 能配合机台测试，定位跟踪问题，并就问题的解决提出技术性方案	2.4.1 集成电路量产测试电路优化及良率提升知识 2.4.2 机台测试基础知识 2.4.3 集成电路测试设备使用知识及测试故障分析知识
3. 集成电路工艺开发与维护	3.1 设备使用与维护	3.1.1 能对设备和零部件进行验证和评估 3.1.2 能制订及实施设备维护计划，保证设备的性能状态，提高设备的使用率 3.1.3 能完成异常处理和风险管控等技术文件的撰写和更新	3.1.1 设备工作原理知识 3.1.2 风险管控知识 3.1.3 半导体工艺设备维护维修知识
	3.2 工艺技术开发	3.2.1 能建立和完善工艺流程、生产流程，完成操作指导书的编制，并对新工艺的试产进行测试、优化和可靠性调试 3.2.2 能根据工艺整合的要求，针对新工艺开发所遇到的异常问题，提供解决方案 3.2.3 能建立和维护基于工艺平台的 PDK，完成 PDK 中各个器件的 CDF 参数设置，器件单元的 DRC、LVS、XRC 和仿真验证 3.2.4 能完成 PDK 的功率、性能、面积表征模型提取和性能评估，并进行不同 PDK 之间功率、性能、面积的比较与分析	3.2.1 集成电路器件结构知识 3.2.2 设计规则知识 3.2.3 PDK 开发知识 3.2.4 半导体量测及相关仪器的使用知识

续表

职业功能	工作内容	专业能力要求	相关知识要求
3. 集成电路工艺开发与维护	3.3 工艺流程优化与整合	3.3.1 能针对制造工艺过程的问题，提出解决方案并实施 3.3.2 能编写工艺作业指导书 3.3.3 能分析量产产品电性参数统计数据，并制订提升计划	3.3.1 产品加工和装备工艺知识 3.3.2 量产统计数据分析知识 3.3.3 晶圆良率提升知识
	3.4 工艺维护与改进	3.4.1 能进行生产线产品缺陷的检查、控制，对缺陷进行分析、统计及分类 3.4.2 能进行产品异常的快速分析及处理 3.4.3 能编写并改进标准操作流程 3.4.4 能编写工艺检验文件，及时处理产品质量异常	3.4.1 异常分析和处理知识 3.4.2 器件失效分析知识
4. 集成电路封装研发与制造	4.1 集成电路封装设计与仿真	4.1.1 能根据产品要求选择封装方案 4.1.2 能根据应用要求完成封装设计 4.1.3 能修正封装设计中出现的问题 4.1.4 能完成封装仿真和结果分析	4.1.1 封装基板、框架等工艺知识 4.1.2 封装材料知识 4.1.3 封装仿真相关交叉学科基础理论与优化知识
	4.2 集成电路封装工艺制造	4.2.1 能优化封装工艺方案与工艺参数 4.2.2 能根据封装需求选择合适的封装材料 4.2.3 能发现并解决封装工艺出现的问题 4.2.4 能完成新工艺、新材料的导入验证 4.2.5 能完成封装过程中的质量监控	4.2.1 封装质量管控、分析与试验知识 4.2.2 封装工艺设备原理知识

续表

职业功能	工作内容	专业能力要求	相关知识要求
5. 集成电路测试设计与分析	5.1 仪器设备维护	5.1.1 能制订设备保养计划、工艺文件和技术标准 5.1.2 能分析并处理设备故障，总结设备异常，提出解决方案	5.1.1 设备维护知识 5.1.2 良率优化知识
	5.2 测试方案设计与优化	5.2.1 能根据集成电路设计规范和测试设备规格，依据标准，设计中等难度的电参数测试和可靠性试验方案 5.2.2 能完成不同测试平台的测试程序转换开发，进行测试程序分析与优化 5.2.3 能设计中等难度的测试电路板、探针卡等测试硬件，并对测试硬件进行调试验证	5.2.1 性能测试和可靠性试验所依据的标准知识 5.2.2 电性能测试板和夹具设计知识 5.2.3 可靠性试验和夹具设计知识 5.2.4 测试程序开发知识
	5.3 结果数据分析与处理	5.3.1 能根据测试数据，提出改善质量和良率的建议并实施 5.3.2 能完成测试报告的审核并提出修订建议	质量管理体系知识
6. 设计类电子设计自动化工具开发与测试	6.1 模拟和混合信号集成电路设计工具开发与测试	6.1.1 能根据系统架构和算法流程图的要求，使用编程语言进行多元微分方程组和中大规模矩阵的求解计算 6.1.2 能根据系统架构和算法流程图的要求，使用编程语言实现基于平面几何图形的分析和运算 6.1.3 能根据系统架构和算法流程图的要求，使用编程语言实现平面多层网格的离散化与有限元计算	6.1.1 优化建模类算法知识 6.1.2 大规模数值计算理论与计算几何知识 6.1.3 有限元分析知识
	6.2 数字集成电路设计工具开发与测试	6.2.1 能根据系统架构和算法流程图的要求，使用编程语言实现复杂大规模平面几何图形的自动优化（如布局布线、时序 ECO 等） 6.2.2 能根据系统架构和算法流程图的要求，使用编程语言进行大规模硬件描述语言的并行仿真算法的开发 6.2.3 能根据系统架构和算法流程图的要求，使用编程语言进行布尔可满足性问题的分析和验证	6.2.1 超大规模集成电路设计知识 6.2.2 并行计算机体系结构与资源优化知识 6.2.3 布尔代数知识

续表

职业功能	工作内容	专业能力要求	相关知识要求
7. 生产制造类电子设计自动化工具开发与测试	7.1 集成电路制造类工具开发与测试	7.1.1 能进行工艺测试版图库的自动生成工具的开发 7.1.2 能根据系统架构和算法流程图的要求，对关键制造步骤进行数值模拟和仿真 7.1.3 能根据系统架构和算法流程图的要求，实现超大规模集成电路版图的显示、拼接、几何运算、数据压缩等算法开发	7.1.1 集成电路制造全流程的知识，尤其是光刻、刻蚀、注入、扩散、沉积等关键步骤的相关知识 7.1.2 大规模数值计算理论与计算几何知识 7.1.3 并行计算机体系结构与资源优化知识 7.1.4 信息论和信源编解码知识
	7.2 集成电路封测与电子系统类工具开发与测试	7.2.1 能根据系统架构和算法流程图的要求，进行封装或多层电路板的布局布线算法开发 7.2.2 能根据系统架构和算法流程图的要求，进行集成电路或多层电路板的信号完整性和功耗完整性仿真分析算法开发	7.2.1 计算几何知识 7.2.2 多物理场计算知识 7.2.3 有限元理论知识

3.3 高级

集成电路设计方向的职业功能包括模拟与射频集成电路设计、数字集成电路设计、集成电路测试设计与分析、设计类电子设计自动化工具开发与测试。集成电路工艺实现方向的职业功能包括模拟与射频集成电路设计、集成电路工艺开发与维护、集成电路测试设计与分析、生产制造类电子设计自动化工具开发与测试。集成电路封测方向的职业功能包括模拟与射频集成电路设计、数字集成电路设计、集成电路封装研发与制造、集成电路测试设计与分析、生产制造类电子设计自动化工具开发与测试。

职业功能	工作内容	专业能力要求	相关知识要求
1. 模拟与射频集成电路设计	1.1 模拟与射频集成电路原理设计	1.1.1 能根据产品需求，确定电路架构及整体实施方案，规范定义各模块的设计指标 1.1.2 能完成模拟子系统的设计与优化 1.1.3 能规划集成电路整体版图设计，完成整体布局	1.1.1 高性能模拟与射频集成电路设计知识 1.1.2 系统架构设计知识 1.1.3 系统验证及测试知识

续表

职业功能	工作内容	专业能力要求	相关知识要求
1. 模拟与射频集成电路设计	1.2 模拟与射频集成电路版图设计	1.2.1 能根据不同功能电路设计，规划集成电路整体版图、封装布局 1.2.2 能完成所有模拟电路版图从子模块到顶层的集成设计 1.2.3 能优化模块版图性能，提升电路的可靠性	1.2.1 集成电路可靠性知识 1.2.2 版图设计的寄生效应知识
2. 数字集成电路设计	2.1 数字集成电路前端设计	2.1.1 能根据产品需求，确定系统架构及实施方案，进行大规模 SoC 芯片的模块建模及可行性评估，分解模块并定义各模块的功能性能指标 2.1.2 能根据技术指标，完成集成电路整体设计、IP 集成、仿真、逻辑综合、一致性检查、静态时序分析、功能验证等设计流程 2.1.3 能规划集成电路整体版图布局和封装方案 2.1.4 能规划集成电路整体测试评估方案，并组织实施	2.1.1 系统架构设计知识 2.1.2 高性能数字集成电路设计知识 2.1.3 系统验证及测试相关知识 2.1.4 集成电路低功耗设计技术知识
	2.2 数字集成电路验证	2.2.1 能根据产品功能需求及性能指标，制订大规模 SoC 芯片验证方案，定义各功能测试点、模块测试用例及覆盖率指标 2.2.2 能采用 UVM 验证方法学设计大规模 SoC 芯片验证平台架构，搭建大规模 SoC 芯片系统级验证环境	2.2.1 高级验证方法学知识 2.2.2 主流通信协议知识
	2.3 数字集成电路后端设计	2.3.1 能制订复杂数字集成电路版图的后端设计方案 2.3.2 能实现大规模 SoC 版图后端物理设计流程，完成整体版图的审核 2.3.3 能设计先进数字电路工艺库及流程，优化后端设计方法和流程	2.3.1 数字集成电路设计全流程知识 2.3.2 集成电路封装知识 2.3.3 数字后端设计方法学知识 2.3.4 先进工艺相关知识

续表

职业功能	工作内容	专业能力要求	相关知识要求
2. 数字集成电路设计	2.4 可测性设计	2.4.1 能制订大规模 SoC 芯片系统级量产测试方案，搭建可测性设计的整体架构，确定可测性设计的模块划分及评价指标 2.4.2 能开发大型 SoC 芯片可测性设计全流程自动化脚本	2.4.1 集成电路设计、验证、制造、测试全流程知识 2.4.2 集成电路量产评估及性能优化知识
3. 集成电路工艺开发与维护	3.1 设备使用与维护	3.1.1 能主持工艺设备的选型和安装调试 3.1.2 能处理设备常规故障，保证设备正常运转 3.1.3 能维护设备稳定，减少工艺缺陷，提高成品率 3.1.4 能对设备和零部件提出改进意见	3.1.1 设备安装、调试知识 3.1.2 设备质量提升知识
	3.2 工艺技术开发	3.2.1 能根据产品需求开发新工艺 3.2.2 能通过工艺调试，减少工序的工艺缺陷，改善工艺的 Cp/Cpk，维护工艺的稳定性，提高成品率 3.2.3 能制订工艺标准，审核作业指导书，编写人员操作规范和培训教材	3.2.1 工艺设备结构和工作原理知识 3.2.2 集成电路材料知识 3.2.3 器件原理和器件物理知识 3.2.4 新工艺调试、异常分析和工艺优化知识 3.2.5 品质管理知识
	3.3 工艺流程优化与整合	3.3.1 能制订工艺整合方案，优化工艺流程，解决线上异常状况，保证产线顺畅运行，提高良率与整体质量，降低生产成本 3.3.2 能根据工艺节点的设计规则及器件性能要求，设计并优化所需的器件物理结构	3.3.1 工艺整合知识 3.3.2 生产线质量管控知识 3.3.3 器件建模及性能优化知识
	3.4 工艺维护与改进	3.4.1 能评估备用材料、部件的可行性，及时采取措施修正工艺 3.4.2 能建立和优化缺陷检测模型，降低产品缺陷率，提升产品良率，分析缺陷对良率的影响	3.4.1 工艺缺陷产生原理知识 3.4.2 生产线产品良率提升知识 3.4.3 器件制作流程及相关工艺模块知识

续表

职业功能	工作内容	专业能力要求	相关知识要求
4. 集成电路封装研发与制造	4.1 集成电路封装设计与仿真	4.1.1 能根据产品要求制订系统级多芯片封装方案 4.1.2 能修正系统级多芯片封装设计中出现的问题 4.1.3 能完成系统级多芯片封装仿真和结果分析	4.1.1 集成电路工艺战略规划知识 4.1.2 封装设计、仿真工具开发知识
	4.2 集成电路封装工艺制造	4.2.1 能根据封装新技术新工艺要求对封装工艺设备提出持续改进方案 4.2.2 能编写新型封装工艺制造规范 4.2.3 能制订和完善不同封装工艺要求的封装设计规范 4.2.4 能制订封装产品质量规范	4.2.1 封装工艺设备前沿知识 4.2.2 封装制造规范标准知识 4.2.3 封装工艺基础原理知识 4.2.4 封装产品质量规范知识
5. 集成电路测试设计与分析	5.1 仪器设备维护	5.1.1 能完成设备到厂的装机导入，并制订标准操作程序 5.1.2 能编写设备维修手册 5.1.3 能根据实际需求对设备进行改造	5.1.1 设备安装、调试知识 5.1.2 设备质量提升知识
	5.2 测试方案设计与优化	5.2.1 能根据集成电路设计规范和测试设备规格，依据标准设计复杂集成电路的电参数测试和可靠性试验方案 5.2.2 能完成不同测试平台的复杂测试程序转换开发，进行复杂测试程序分析与优化 5.2.3 能设计复杂的测试电路板、探针卡等测试硬件，并对测试硬件进行调试验证 5.2.4 能针对量产测试中的低良率问题，提出改进方案，完善测试流程 5.2.5 能编写作业规范并进行人员培训	5.2.1 复杂集成电路测试和可靠性试验方案设计知识 5.2.2 多种平台测试程序开发知识 5.2.3 良率提升方法知识
	5.3 结果数据分析与处理	5.3.1 能综合分析测试结果和影响因素 5.3.2 能完整编写检测报告 5.3.3 能对初、中级人员进行培训并编写培训计划	5.3.1 失效分析知识 5.3.2 质量提升知识

续表

职业功能	工作内容	专业能力要求	相关知识要求
6. 设计类电子设计自动化工具开发与测试	6.1 模拟和混合信号集成电路设计工具开发与测试	6.1.1 能编制超大规模矩阵计算的加速解决方案的系统架构和算法流程图 6.1.2 能编制全定制集成电路和版图设计优化解决方案的系统架构和算法流程图 6.1.3 能利用机器学习或神经网络，加速复杂三维场的建模和计算	6.1.1 高等数值计算知识 6.1.2 高等计算电磁学和复杂有限元知识 6.1.3 人工智能基础知识
	6.2 数字集成电路设计工具开发与测试	6.2.1 能编制大规模硬件描述语言网表的加速仿真验证解决方案的系统架构和算法流程图 6.2.2 能编制复杂布尔可满足性问题解决方案的系统架构和算法流程图 6.2.3 能编制非确定性多项式难题的优化近似解决方案的系统架构和算法流程图 6.2.4 能编制中大规模数字电路的关键路径时序分析（包括静态时序分析和 SPICE 动态时序分析）和时序优化解决方案的系统架构和算法流程图	6.2.1 高等布尔代数知识 6.2.2 非确定性多项式类问题的高等理论及算法知识 6.2.3 高等 SPICE 仿真和时序分析知识
7. 生产制造类电子设计自动化工具开发与测试	7.1 集成电路制造类工具开发与测试	7.1.1 能编制工艺和电学仿真类工具的系统架构和算法流程图 7.1.2 能编制光学临近校正类工具的系统架构和算法流程图 7.1.3 能利用机器学习或神经网络，加速关键工艺步骤的建模和计算	7.1.1 高等计算光学理论和复杂有限元知识 7.1.2 人工智能相关知识
	7.2 集成电路封测与电子系统类工具开发与测试	7.2.1 能编制封装或多层电路板布局布线解决方案的系统架构和算法流程图 7.2.2 能编制集成电路或多层电路板信号完整性和功耗完整性解决方案的系统架构和算法流程图	7.2.1 高等计算几何知识 7.2.2 高等多物理场计算知识

4. 权重表

4.1 理论知识权重表

项目 \ 专业技术等级		初级（%）			中级（%）			高级（%）		
		集成电路设计方向	集成电路工艺实现方向	集成电路封测方向	集成电路设计方向	集成电路工艺实现方向	集成电路封测方向	集成电路设计方向	集成电路工艺实现方向	集成电路封测方向
基本要求	职业道德	10	10	10	10	10	10	10	10	10
	基础知识	20	20	20	15	15	15	10	10	10
相关知识要求	模拟与射频集成电路设计	25	—	5	30	5	5	35	10	5
	数字集成电路设计	25	—	5	30	—	5	35	—	5
	集成电路工艺开发与维护	—	40	—	—	50	—	—	60	—
	集成电路封装研发与制造	—	—	25	—	—	30	—	—	30
	集成电路测试设计与分析	10	15	25	5	10	30	5	5	30
	设计类电子设计自动化工具开发与测试	10	—	—	10	—	—	5	—	—
	生产制造类电子设计自动化工具开发与测试	—	15	10	—	10	5	—	5	10
合计		100	100	100	100	100	100	100	100	100

4.2 专业能力要求权重表

项目 \ 专业技术等级		初级（%）			中级（%）			高级（%）		
		集成电路设计方向	集成电路工艺实现方向	集成电路封测方向	集成电路设计方向	集成电路工艺实现方向	集成电路封测方向	集成电路设计方向	集成电路工艺实现方向	集成电路封测方向
专业能力要求	模拟与射频集成电路设计	35	—	5	40	5	5	45	10	5
	数字集成电路设计	35	—	5	40	—	5	45	—	5
	集成电路工艺开发与维护	—	50	—	—	60	—	—	70	—
	集成电路封装研发与制造	—	—	35	—	—	40	—	—	40
	集成电路测试设计与分析	15	25	35	10	15	40	5	10	40
	设计类电子设计自动化工具开发与测试	15	—	—	10	—	—	5	—	—
	生产制造类电子设计自动化工具开发与测试	—	25	20	—	20	10	—	10	10
合计		100	100	100	100	100	100	100	100	100

5. 附录

中英文术语对照表

序号	英文	中文
1	ECO（engineering change order）	工程变更指令
2	DFT（design for testability）	可测性设计
3	SPICE（simulation program with integrated circuit emphasis）	集成电路模拟程序
4	RTL（register transfer level）	寄存器传输级电路
5	PDK（process design kit）	工艺设计包
6	CDF（component description format）	组件描述格式
7	DRC（design rules check）	设计规则检查
8	LVS（layout versus schematic）	版图与原理图一致性检查
9	XRC（extraction of parasitic resistors and capacitors）	寄生参数提取
10	IP（intellectual property）	知识产权
11	SoC（system on chip）	系统级集成电路
12	UVM（universal verification methodology）	通用验证方法学
13	Cp/Cpk（process capability index）	工序能力指数

人工智能工程技术人员国家职业技术技能标准

（2021 年版）

1. 职业概况

1.1 职业名称

人工智能工程技术人员

1.2 职业编码

2-02-10-09

1.3 职业定义

从事与人工智能相关算法、深度学习等多种技术的分析、研究、开发，并对人工智能系统进行设计、优化、运维、管理和应用的工程技术人员。

1.4 专业技术等级

本职业共设三个等级，分别为初级、中级、高级。

初级、中级、高级均设五个职业方向：人工智能芯片产品实现、人工智能平台产品实现、自然语言及语音处理产品实现、计算机视觉产品实现、人工智能应用产品集成实现。

1.5 职业环境条件

室内，常温。

1.6 职业能力特征

具有一定的学习、分析、推理和判断能力，具有一定的表达能力、计算能力。

1.7 普通受教育程度

大学专科学历（或高等职业学校毕业）。

1.8 职业培训要求

1.8.1 培训时间

人工智能工程技术人员需按照本《标准》的职业要求参加有关课程培训，完成规定学时，取得学时证明。初级 64 标准学时，中级 80 标准学时，高级 80 标准学时。

1.8.2 培训教师

承担初级、中级理论知识或专业能力培训任务的人员，应具有人工智能工程技术人员中级及以上专业技术等级或相关专业中级及以上职称。

承担高级理论知识或专业能力培训任务的人员，应具有人工智能工程技术人员高级专业技术等级或相关专业高级职称。

1.8.3 培训场所设备

理论知识和专业能力培训所需场地为标准教室或线上平台，必备的教学仪器设备包括计算机、网络、软件及相关硬件设备。

1.9 专业技术考核要求

1.9.1 申报条件

——取得初级培训学时证明，并具备以下条件之一者，可申报初级专业技术等级：

（1）取得技术员职称。

（2）具备相关专业大学本科及以上学历（含在读的应届毕业生）。

（3）具备相关专业大学专科学历，从事本职业技术工作满 1 年。

（4）技工院校毕业生按国家有关规定申报。

——取得中级培训学时证明，并具备以下条件之一者，可申报中级专业技术等级：

（1）取得助理工程师职称后，从事本职业技术工作满 2 年。

（2）具备大学本科学历，或学士学位，或大学专科学历，取得初级专业技术等级后，从事本职业技术工作满 3 年。

（3）具备硕士学位或第二学士学位，取得初级专业技术等级后，从事本职业技术工作满 1 年。

（4）具备相关专业博士学位。

（5）技工院校毕业生按国家有关规定申报。

——取得高级培训学时证明，并具备以下条件之一者，可申报高级专业技术等级：

（1）取得工程师职称后，从事本职业技术工作满 3 年。

（2）具备硕士学位，或第二学士学位，或大学本科学历，或学士学位，取得中级专业技术等级后，从事本职业技术工作满 4 年。

（3）具备博士学位，取得中级专业技术等级后，从事本职业技术工作满 1 年。

（4）技工院校毕业生按国家有关规定申报。

1.9.2 考核方式

从理论知识和专业能力两个维度对专业技术水平进行考核。各项考核均实行百分制，成绩皆达 60 分（含）以上者为合格，考核合格者获得相应专业技术等级证书。

理论知识考试采用笔试、机考方式进行，主要考查人工智能工程技术人员从事本职业应掌握的基本知识和专业知识；专业能力考核采用专业设计、模拟操作等实验考核方式进行，主要考查人工智能工程技术人员从事本职业应具备的实际工作能力。

1.9.3 监考人员、考评人员与考生配比

理论知识考试监考人员与考生配比不低于 1∶15，且每个考场不少于 2 名监考人员；专业能力考核中的考评人员与考生配比不低于 1∶10，且考评人员为 3 人（含）以上单数。

1.9.4 考核时间

理论知识考试时间不少于 90 分钟；专业能力考核时间不少于 120 分钟。

1.9.5 考核场所设备

理论知识考试和专业能力考核所需场地为标准教室或线上平台，必备的考核仪器设备包括计算机、网络、软件及相关硬件设备。

2. 基本要求

2.1 职业道德

2.1.1 职业道德基本知识

2.1.2 职业守则

（1）遵守法律，保守秘密。
（2）尊重科学，客观公正。
（3）诚实守信，恪守职责。
（4）爱岗敬业，服务大众。
（5）勤奋进取，精益求精。
（6）团结协作，勇于创新。
（7）乐于奉献，廉洁自律。

2.2 基础知识

2.2.1 专业基础知识

（1）数学基础知识。
（2）编程基础知识。
（3）数据处理知识。
（4）软件工程知识。
（5）计算平台知识。
（6）机器学习知识。

2.2.2 工程效能相关知识

（1）文档规范、代码规范、质量保障规范相关知识。
（2）数据采集、标注、清洗、质量控制等数据工程相关知识。
（3）工程开发与架构，工程性能提升指标等相关知识。

2.2.3 业务理解与实践知识

（1）人工智能基础知识。
（2）人工智能的产业应用相关知识。
（3）人工智能发展现状及趋势相关知识。
（4）人工智能热点问题和前沿研究相关知识。

2.2.4 人工智能伦理及安全知识

（1）人工智能安全与隐私保护相关知识。
（2）人工智能安全与隐私保护原则及标准相关知识。
（3）人工智能伦理治理发展趋势知识。
（4）人工智能道德伦理相关原则及标准相关知识。

2.2.5 相关法律、法规知识

（1）《中华人民共和国劳动法》相关知识。
（2）《中华人民共和国劳动合同法》相关知识。
（3）《中华人民共和国网络安全法》相关知识。
（4）《中华人民共和国知识产权法》相关知识。
（5）《中华人民共和国个人信息保护法》相关知识。

3. 工作要求

本标准对初级、中级、高级三个等级的专业能力要求和相关知识要求依次递进，高级别涵盖低级别的要求。

3.1 人工智能芯片产品实现

3.1.1 初级

职业功能	工作内容	专业能力要求	相关知识要求
1. 人工智能共性技术应用	1.1人工智能算法选型及调优	1.1.1能准确地判断应用任务是否适合用机器学习技术解决 1.1.2能应用深度学习或主流机器学习算法原理解决实际任务 1.1.3能运行基础神经网络模型，按照一定的指导原则，对深度神经网络进行调优	1.1.1机器学习基本概念（包括监督学习、无监督学习、强化学习等） 1.1.2深度神经网络（包括卷积神经网络、长短期记忆网络、图神经网络等的基本概念） 1.1.3机器学习与深度学习算法常见的评估方法（准确率、召回率、AUC① 指标、ROC曲线、检测指标、分割指标等） 1.1.4图像/视频处理、语音处理、自然语言处理等领域的基本方法
	1.2人工智能算法实现及应用	1.2.1能使用至少一种国产化深度学习框架训练模型，并使用训练好的模型进行预测 1.2.2能实现深度学习框架的安装、模型训练、推理部署	1.2.1国产化深度学习框架基本情况 1.2.2深度学习框架运行的基本软硬件环境要求 1.2.3至少一种深度学习框架使用方法
2. 人工智能设计开发	人工智能芯片逻辑设计	2.1.1能利用人工智能算法常用的运算/数据类型，根据芯片模块的设计功能描述进行代码编写 2.1.2能对芯片模块代码进行书写规则和可综合检查和优化	2.1.1数字电路设计相关知识 2.1.2计算机组成原理 2.1.3 Verilog HDL、VHDL、System Verilog等硬件语言

① 本《标准》涉及术语详见附录。

续表

职业功能	工作内容	专业能力要求	相关知识要求
3. 人工智能测试验证	人工智能芯片验证	3.1.1 能运用验证工具，解读并分析测试覆盖率报告，提升测试覆盖率 3.1.2 能搭建测试验证环境，执行测试用例和验证脚本 3.1.3 能使用面向对象的模块级验证方法进行模块级芯片验证环境	3.1.1 验证工具使用方法（如各种高性能测量仪器和调试器等的使用） 3.1.2 测试覆盖率报告格式 3.1.3 测试用例的编写知识 3.1.4 验证脚本编写方法 3.1.5 数字电路结构知识 3.1.6 面向对象的模块级验证方法 3.1.7 模块级芯片验证环境的搭建方法

3.1.2 中级

职业功能	工作内容	专业能力要求	相关知识要求
1. 人工智能共性技术应用	1.1 人工智能算法选型及调优	1.1.1 能快速判断并选择所需要的模型，合理使用机器学习模型与深度学习模型并进行模型调优 1.1.2 能调研及运行深度的神经网络模型，在需要进行参数调整和适配到自身的应用问题时，对关键参数的调整能提出解决方案	1.1.1 深度学习算法训练、推理、部署的方法及技术细节 1.1.2 数据策略、网络中的核心模块、参数规模、优化算法、损失函数、正则项等关键参数 1.1.3 数据并行、模型并行、流水线并行等深度学习模型的并行训练的方法
	1.2 人工智能算法实现及应用	1.2.1 能完成深度学习框架安装、模型训练、推理部署的全流程 1.2.2 能使用深度学习框架的用户接口进行神经网络模型搭建	1.2.1 深度学习框架设计的基本概念（如动态图、静态图等） 1.2.2 深度学习框架的常用编程接口 1.2.3 常用模型的使用方法（如文本生成目标检测、图像分割、机器翻译等）
2. 人工智能设计开发	人工智能芯片逻辑设计	2.1.1 能根据芯片架构文档进行模块功能划分和功能描述，并进行代码编写 2.1.2 能对实现代码进行 CDC、功耗分析和优化 2.1.3 能完成芯片时钟详细设计及时钟约束	2.1.1 数字电路设计基础知识 2.1.2 计算机组成原理 2.1.3 计算机系统结构基础知识 2.1.4 计算机接口技术 2.1.5 计算复杂度和可计算理论

续表

职业功能	工作内容	专业能力要求	相关知识要求
2. 人工智能设计开发	人工智能芯片逻辑设计	2.1.4 能将人工智能算法常见的运算拆解成 ASIC 上面可实现的硬件电路并实现 2.1.5 能基于选定的基本工艺器件对芯片模块进行逻辑综合与时序优化 2.1.6 能针对 INT8、FP16、BF16、FP32、TF32 数据类型开展优化的人工智能核心设计 2.1.7 能基于并行计算开展数据同步设计 2.1.8 能基于芯片指令集开展微架构设计	2.1.6 深度学习算法和神经网络模型 2.1.7 FPGA/ASIC 相关设计知识 2.1.8 异构计算知识
3. 人工智能测试验证	人工智能芯片验证	3.1.1 能运用验证工具，根据业务需求编写并分析测试覆盖率报告，提升测试覆盖率 3.1.2 能设计和制订验证计划文档 3.1.3 能搭建和优化测试验证环境，编写测试用例和验证脚本 3.1.4 能使用面向对象的验证方法进行子系统级芯片验证 3.1.5 能进行低功率验证 3.1.6 能搭建系统级和子系统级别的仿真平台 3.1.7 能对人工智能处理器进行验证 3.1.8 能搭建门级仿真环境（包括前仿真和后仿真） 3.1.9 能快速定位门级仿真环境、库、时序等相关问题 3.1.10 能综合运用时序分析方法分析数字电路时序，并根据时序约束文件，针对特殊时序路径开发后仿真的测试用例	3.1.1 验证工具的类型、优缺点使用方法 3.1.2 测试覆盖率报告的编写知识 3.1.3 验证计划文档的编写方法 3.1.4 测试用例的设计知识 3.1.5 验证脚本的编写方法 3.1.6 数字电路时序分析方法 3.1.7 面向对象的子系统级验证方法 3.1.8 子系统验证环境对模块环境的复用方法 3.1.9 UPF（Unified Power Format）/NLP（Native Low Power）/Emulator 基础知识 3.1.10 GPU、TPU、XPU 等人工智能处理器验证方法 3.1.11 门级电路知识 3.1.12 门级仿真验证环境的搭建方法 3.1.13 门级仿真测试用例的编写方法

续表

职业功能	工作内容	专业能力要求	相关知识要求
4. 人工智能咨询服务	4.1 人工智能技术咨询	4.1.1 能进行人工智能芯片项目的技术评估，使用工程咨询方法进行相应咨询服务 4.1.2 能进行人工智能芯片项目技术体系架构和方案设计，完成项目建议书的编写、可行性研究报告的编制，并编制相应的实施规划	4.1.1 工程咨询方法与系统分析知识 4.1.2 项目建议书、可行性研究报告编制方法 4.1.3 招投标技术咨询知识和项目后评价方法
	4.2 人工智能系统咨询管理和评价服务	4.2.1 能进行人工智能系统项目资源分析和评价 4.2.2 能进行人工智能系统人机交互、隐私保护、数据安全等技术的咨询和评价服务	4.2.1 项目资源的计划、配置、控制和处置方法 4.2.2 人工智能伦理知识 4.2.3 隐私保护知识
	4.3 人工智能咨询培训及运营管理咨询	4.3.1 能组织开展人工智能技术咨询服务培训 4.3.2 能跟进人工智能最新技术及应用场景，并针对性开展技术论证 4.3.3 能对人工智能项目运营过程进行咨询	4.3.1 培训方法及问题反馈和分析方法 4.3.2 培训质量管理知识 4.3.3 运营管理方法

3.1.3 高级

职业功能	工作内容	专业能力要求	相关知识要求
1. 人工智能共性技术应用	1.1 人工智能算法选型及调优	1.1.1 能在面对用户需求和业务需求时，将其准确转换为机器学习语言、算法及模型 1.1.2 能对机器学习技术要素进行组合使用，并进行建模 1.1.3 能在标准算法基础上，对组合多种机器学习技术要素进行模型设计及调优的能力	1.1.1 新型模型和相关技术 1.1.2 深度学习模型的剪枝、量化、蒸馏和模型结构搜索等模型压缩方法
	1.2 人工智能算法实现及应用	1.2.1 能使用深度学习框架实现算法的设计和开发 1.2.2 能合理组合、改造并创新深度学习模型来解决更加复杂的应用问题	1.2.1 深度学习框架的技术细节及发展趋势 1.2.2 深度神经网络结构与深度学习算法的开发设计方法

续表

职业功能	工作内容	专业能力要求	相关知识要求
2. 人工智能设计开发	2.1 人工智能芯片架构设计	2.1.1 能完成系统应用架构定义，并进行芯片规格设计和参考设计开发 2.1.2 能总结和归纳各种人工智能算法/模型对硬件计算、存储资源的需求，并根据芯片的应用场景对硬件资源做出合理分配 2.1.3 能根据算力和应用需求，针对通用或专用人工智能加速芯片，进行算力分配和评价，合理分配通用计算与专用加速计算，并给出相关参数（加速比/理论最高算力 TOPS/能耗比） 2.1.4 能搭建原型化软硬件评估和仿真平台，进行高层次建模和设计，对 PPA（性能、功耗、面积）进行早期评价 2.1.5 能制订芯片测试计划，指导芯片产品工程师进行硅片和封装级测试 2.1.6 能应用上层软件定义高效、节能、可移植性强的实现框架 2.1.7 能在面向云侧训练开展设计时，进行训练集群的架构设计	2.1.1 数字电路设计相关知识 2.1.2 计算机组成原理 2.1.3 计算机系统结构相关知识 2.1.4 操作系统原理 2.1.5 计算机接口技术 2.1.6 算法与数据结构相关知识 2.1.7 计算复杂度和可计算理论 2.1.8 深度学习算法和神经网络模型 2.1.9 分布式计算原理 2.1.10 异构计算相关知识 2.1.11 编译器、算子接口、集成工具（driver/API/IDE）相关知识
	2.2 人工智能芯片逻辑设计	2.2.1 能进行芯片详细功能划分和设计，向下一级芯片逻辑设计团队分发详细设计任务需求 2.2.2 能进行芯片总线架构，子模块定义和划分 2.2.3 能把控和应用芯片设计关键 IP 模块（PCIe、DDR/GDDR/HBM、NoC） 2.2.4 能进行芯片顶层及关键 IP 模块可测试逻辑功能设计 2.2.5 能对芯片的安全管理和功耗管理功能进行设计 2.2.6 能协助芯片物理设计工程师进行基本物理器件 PPA 分析及选型，并根据 PPA 评估的结果优化关键性模块（如神经网络加速）代码 2.2.7 能与验证工程师共同完成芯片验证，并通过代码、功能覆盖率检查保证验证的完备性	2.2.1 数字电路设计相关知识 2.2.2 计算机组成原理 2.2.3 计算机系统结构相关知识 2.2.4 操作系统原理 2.2.5 计算机接口技术 2.2.6 计算复杂度和可计算理论 2.2.7 深度神经网络模型 2.2.8 算法与数据结构相关知识 2.2.9 FPGA/ASIC 相关设计知识 2.2.10 异构计算知识

续表

职业功能	工作内容	专业能力要求	相关知识要求
3. 人工智能测试验证	人工智能芯片验证	3.1.1 能依据验证工具工作原理，提升验证环境执行效率，通过覆盖率报告协助芯片设计工程师改进电路设计 3.1.2 能确定具体验证工具链，制订验证方法学和验证流程 3.1.3 能熟练使用面向对象的模块级验证方法进行验证并对方法学进行改进 3.1.4 能使用机器学习及神经网络算法对验证数据进行建模 3.1.5 能对最终的验证计划，验证报告进行核签 3.1.6 能对最新的验证方法学和工具进行跟踪、改进和优化，并对验证工具提出功能性改进的建议 3.1.7 能协助软件开发工程师将框架移植到仿真环境，并在该环境完成神经网络模型训练及推理流程的仿真	3.1.1 验证工具的工作原理 3.1.2 验证环境执行效率的优化知识 3.1.3 验证工具的优缺点及工具链组合知识 3.1.4 验证方法学知识 3.1.5 数字电路综合时序分析知识，数字电路设计优化知识 3.1.6 面向对象的模块级验证方法 3.1.7 深度学习算法建模知识 3.1.8 深度学习算法和神经网络模型 3.1.9 常见深度学习框架的背景
4. 人工智能咨询服务	4.1 人工智能技术咨询	4.1.1 能进行人工智能芯片项目的技术要素分析、产业成本分析、产业链架构等咨询 4.1.2 能对人工智能芯片项目的社会作用进行合理性分析咨询	4.1.1 现代工程咨询方法 4.1.2 社会伦理学知识
	4.2 人工智能咨询管理和评价服务	4.2.1 能制订人工智能技术应用的组织管理机制及协调机制 4.2.2 能对人工智能系统应用提出持续改进建议 4.2.3 能进行人工智能项目的社会可持续发展情况评价	4.2.1 系统规划知识 4.2.2 信息系统工程知识 4.2.3 软件体系架构评估知识 4.2.4 社会评价方法
	4.3 人工智能咨询培训及运营管理咨询	4.3.1 能进行人工智能技术咨询服务和运营管理培训 4.3.2 能进行计划、组织、实施和控制等运营过程管理 4.3.2 能进行运营经济性预测，提出运营计划调整策略	4.3.1 培训方案制订方法 4.3.2 运营过程规划及管理知识 4.3.2 敏感数据分析知识

3.2 人工智能平台产品实现

3.2.1 初级

职业功能	工作内容	专业能力要求	相关知识要求
1. 人工智能共性技术应用	1.1 人工智能算法选型及调优	1.1.1 能准确地判断应用任务是否适合用机器学习技术解决 1.1.2 能应用深度学习或主流机器学习算法原理解决实际任务 1.1.3 能运行基础神经网络模型，按照一定的指导原则，对深度神经网络进行调优	1.1.1 机器学习基本概念，包括监督学习、无监督学习、强化学习等 1.1.2 深度神经网络，包括卷积神经网络、长短期记忆网络、图神经网络等的基本概念 1.1.3 机器学习与深度学习算法常见的评估方法：准确率、召回率、AUC 指标、ROC 曲线、检测指标、分割指标等 1.1.4 图像/视频处理、语音处理、自然语言处理等领域的基本方法
	1.2 人工智能算法实现及应用	1.2.1 能使用至少一种国产化深度学习框架训练模型，并使用训练好的模型进行预测 1.2.2 能实现深度学习框架的安装、模型训练、推理部署	1.2.1 国产化深度学习框架基本情况 1.2.2 深度学习框架运行的基本软硬件环境要求 1.2.3 至少一种深度学习框架使用方法
2. 人工智能需求分析	人工智能平台需求分析	2.1.1 能对外说明人工智能平台研发的主要流程和用户使用场景 2.1.2 能将用户对人工智能平台的相关使用需求整理成文档 2.1.3 能按照规范撰写业务场景需求设计分析和需求文档	2.1.1 人工智能场景的主要环节和使用流程 2.1.2 人工智能算法训练、推理、部署的方法和流程 2.1.3 人工智能平台业务场景需求设计分析和需求文档的撰写规范
3. 人工智能设计开发	人工智能平台设计开发	3.1.1 能绘制至少 1 类人工智能场景全周期流程图，如计算机视觉、自然语言处理等 3.1.2 能使用机器学习框架完成人工智能数据处理、特征提取、模型训练、模型部署等全周期流程 3.1.3 能调用大数据处理工具进行数据存取、任务编排等 3.1.4 能使用容器及虚拟化工具进行产品代码打包，镜像发布	3.1.1 人工智能场景的主要环节和技术规范 3.1.2 深度学习框架的使用方法 3.1.3 大数据技术的基础知识 3.1.4 容器及虚拟化技术的基础知识

续表

职业功能	工作内容	专业能力要求	相关知识要求
4. 人工智能测试验证	人工智能平台验证	4.1.1 能绘制1类人工智能场景的验证流程图，如计算机视觉、自然语言处理等 4.1.2 能撰写人工智能平台、算法、模型的验证报告 4.1.3 能完整验证人工智能平台开发的算法和模型的精度等主流算法指标 4.1.4 能基于给定场景验证人工智能端到端线上线下一致性等业务正确性指标	4.1.1 人工智能平台主要组件的使用流程 4.1.2 人工智能平台主要组件的功能验证方法和性能验证方法 4.1.3 人工智能平台验证报告撰写规范
5. 人工智能产品交付	人工智能平台产品交付	5.1.1 能绘制1类人工智能场景交付流程图，如计算机视觉、自然语言处理等 5.1.2 能安装人工智能平台的主要组件并完成交付流程 5.1.3 能基于业务场景编制产品交付文档	5.1.1 人工智能场景的主要环节和交付方法 5.1.2 人工智能平台的主要组件和安装、配置、调试的方法
6. 人工智能产品运维	人工智能平台产品运维	6.1.1 能使用人工智能平台操作基本命令完成平台运维操作 6.1.2 能按照人工智能平台部署手册对产品进行部署升级 6.1.3 能根据标准流程进行人工智能平台的日常巡查	6.1.1 人工智能平台的基本操作 6.1.2 人工智能平台的基本运维技术 6.1.3 人工智能平台的部署升级方法

3.2.2 中级

职业功能	工作内容	专业能力要求	相关知识要求
1. 人工智能共性技术应用	1.1 人工智能算法选型及调优	1.1.1 能快速判断并选择所需要的模型，合理使用机器学习模型与深度学习模型并进行模型调优 1.1.2 能调研及运行深度的神经网络模型，在需要进行参数调整和适配到自身的应用问题时，对关键参数的调整能提出解决方案	1.1.1 深度学习算法训练、推理、部署的方法及技术细节 1.1.2 数据策略、网络中的核心模块、参数规模、优化算法、损失函数、正则项等关键参数 1.1.3 数据并行、模型并行、流水线并行等深度学习模型的并行训练方法

续表

职业功能	工作内容	专业能力要求	相关知识要求
1. 人工智能共性技术应用	1. 2 人工智能算法实现及应用	1. 2. 1 能完成深度学习框架安装、模型训练、推理部署的全流程 1. 2. 2 能使用深度学习框架的用户接口进行神经网络模型搭建	1. 2. 1 深度学习框架设计的基本概念，如动态图、静态图等 1. 2. 2 深度学习框架的常用编程接口 1. 2. 3 常用模型的使用方法，如文本生成目标检测、图像分割、机器翻译等
2. 人工智能需求分析	人工智能平台需求分析	2. 1. 1 能指导本领域初级人员撰写业务场景需求设计分析和需求文档 2. 1. 2 能将用户的使用问题整理转化为人工智能平台的需求并整理成文档 2. 1. 3 能完善需求文档和设计分析文档中的细节和不足	2. 1. 1 人工智能场景的全流程的细节和技术规范 2. 1. 2 人工智能算法训练、推理、部署的方法、流程和操作细节 2. 1. 3 人工智能平台业务需求设计分析和需求文档的撰写规范和指导方法
3. 人工智能设计开发	人工智能平台设计开发	3. 1. 1 能绘制 2 类人工智能场景的流程图和细节，如计算机视觉、自然语言处理等 3. 1. 2 能使用计算图裁剪、算子合并等高性能计算技术，加速模型推理性能 3. 1. 3 能使用并行计算与分布式技术，开发可以进行分布式处理的应用 3. 1. 4 能指导本领域的初级人员完成任务编排调度、计算程序性能加速以及分布式处理应用开发等工作	3. 1. 1 人工智能场景的全流程细节和技术规范 3. 1. 2 至少一种机器学习框架的技术细节 3. 1. 3 高性能计算技术的知识细节 3. 1. 4 并行计算与分布式计算技术的知识细节
4. 人工智能测试验证	人工智能平台验证	4. 1. 1 能完成 1~2 类人工智能场景的验证流程和细节，如计算机视觉、自然语言处理等 4. 1. 2 能设计针对人工智能平台主要组件的测试计划，完整地验证其功能、精度、性能等 4. 1. 3 能选择合理的自动化解决方案，实现针对人工智能平台的自动化测试工具	4. 1. 1 人工智能平台场景的主要环节和验证方法 4. 1. 2 人工智能平台的主要组件的功能、性能的验证方法 4. 1. 3 人工智能算法、模型的精测验证方法 4. 1. 4 自动化测试的方法和工具

续表

职业功能	工作内容	专业能力要求	相关知识要求
5. 人工智能产品交付	人工智能平台产品交付	5.1.1 能绘制2类人工智能场景交付流程图，如计算机视觉、自然语言处理等 5.1.2 能面向复杂业务场景编制交付文档 5.1.3 能对现场部署过程中交付问题进行分析、定位和解决	5.1.1 人工智能平台的所有组件和安装、配置、调试的方法 5.1.2 人工智能平台的产品交付文档的规范和撰写要求 5.1.3 人工智能平台问题的定位方法和工具
6. 人工智能产品运维	人工智能平台产品运维	6.1.1 能在专有硬件上运维人工智能平台 6.1.2 能编写人工智能平台部署手册 6.1.3 能持续改进人工智能平台日常巡检流程 6.1.4 能指导本领域初级人员进行人工智能平台运维工作 6.1.5 能按照标准步骤对人工智能平台常见问题进行排查	6.1.1 人工智能平台的操作细节和原理 6.1.2 人工智能平台的专有硬件知识 6.1.3 人工智能平台的常见问题排查流程和方法
7. 人工智能咨询服务	7.1 人工智能技术咨询	7.1.1 能根据实际情况规划人工智能平台方向和发展战略，并制定阶段性升级规划 7.1.2 能进行人工智能平台项目的技术评估，使用现代工程咨询方法进行相应咨询服务 7.1.3 能完成人工智能平台项目建议书的编写、可行性研究报告的编制，能编制相应的实施规划	7.1.1 工程咨询方法与系统分析知识 7.1.2 技术评估基本方法 7.1.3 项目建议书、可行性研究报告编制方法 7.1.4 招投标技术咨询知识和项目后评价方法
	7.2 人工智能系统咨询管理和评价服务	7.2.1 能进行人工智能系统项目资源分析和评价 7.2.2 能进行人工智能系统人机交互、隐私保护、数据安全等技术的咨询和评价服务	7.2.1 项目资源的计划、配置、控制和处置方法 7.2.2 人工智能伦理知识 7.2.3 隐私保护知识
	7.3 人工智能咨询培训及运营管理咨询	7.3.1 能组织开展人工智能技术咨询服务培训 7.3.2 能跟进人工智能最新技术及应用场景，并针对性开展技术论证 7.3.3 能对人工智能项目运营过程进行咨询	7.3.1 培训方法及问题反馈和分析方法 7.3.2 培训质量管理知识 7.3.3 运营管理方法

3.2.3 高级

职业功能	工作内容	专业能力要求	相关知识要求
1. 人工智能共性技术应用	1.1 人工智能算法选型及调优	1.1.1 能在面对用户需求和业务需求时，将其准确转换为机器学习语言、算法及模型 1.1.2 能对机器学习技术要素进行组合使用，并进行建模 1.1.3 能在标准算法基础上，对组合多种机器学习技术要素进行模型设计及调优的能力	1.1.1 新型模型和相关技术 1.1.2 深度学习模型的剪枝、量化、蒸馏和模型结构搜索等模型压缩方法
	1.2 人工智能算法实现及应用	1.2.1 能使用深度学习框架实现算法的设计和开发 1.2.2 能合理组合、改造并创新深度学习模型来解决更加复杂的应用问题	1.2.1 深度学习框架的技术细节及发展趋势 1.2.2 深度神经网络结构与深度学习算法的开发设计方法
2. 人工智能需求分析	人工智能平台需求分析	2.1.1 能引导用户主动将使用问题转化为人工智能平台的需求 2.1.2 能制订业务场景需求设计分析和需求文档的撰写规范	2.1.1 人工智能需求文档撰写规范及制订原因 2.1.2 现有主要人工智能平台的技术特点及发展趋势
3. 人工智能设计开发	人工智能平台设计开发	3.1.1 能定制化修改开源人工智能框架，提升框架性能和稳定性 3.1.2 能改进虚拟化技术及容器调度编排技术的核心机制 3.1.3 能结合硬件架构和硬件指令优化高性能计算代码 3.1.4 能使用并行计算与分布式技术，设计和实现可以大规模并发的并型计算应用	3.1.1 至少两种机器学习框架的技术细节及发展趋势 3.1.2 容器及虚拟化技术的实现细节和发展趋势 3.1.3 高性能计算技术的实现细节和发展趋势 3.1.4 并行计算与分布式计算技术的实现细节和发展趋势 3.1.5 网络拓扑和网络架构设计和实现细节

续表

职业功能	工作内容	专业能力要求	相关知识要求
3. 人工智能设计开发	人工智能平台设计开发	3. 1. 5 能根据网络拓扑和网络架构分析和设计通信机制和策略改进程序性能 3. 1. 6 能指导本领域的初级人员完成任务编排调度、加速计算程序性能以及开发分布式处理应用等工作 3. 1. 7 能分析人工智能平台全流程，定位复杂系统内性能问题和故障，并给出技术解决方案	3. 1. 6 人工智能平台性能分析知识和故障分析知识
4. 人工智能测试验证	人工智能平台验证	4. 1. 1 能制订并优化 1~2 类人工智能场景验证流程，如计算机视觉、自然语言处理等 4. 1. 2 能制订和实现合理的自动化解决方案，并设计和实现自动化测试工具，完成人工智能平台的测试和验证 4. 1. 3 能指导本领域初级、中级人员完成平台组件验证工作	4. 1. 1 人工智能平台验证流程制订原因 4. 1. 2 人工智能平台主要组件的实现细节 4. 1. 3 人工智能平台产品验证文档的规范、撰写要求及制订原因
5. 人工智能产品交付	人工智能平台产品交付	5. 1. 1 能制订人工智能平台的安装交付流程 5. 1. 2 能指导交付团队实现复杂人工智能平台现场部署、调试与维护 5. 1. 3 能面向复杂业务场景，设计人工智能平台产品交付方案	5. 1. 1 人工智能平台的操作细节和设计原因 5. 1. 2 面向复杂场景的人工智能平台的问题定位的原理，以及辅助工具的开发方法 5. 1. 3 人工智能平台的产品的交付流程及制订原因
6. 人工智能产品运维	人工智能平台产品运维	6. 1. 1 能在专有硬件上编写人工智能平台运维工具 6. 1. 2 能撰写人工智能平台的部署升级规范和日常巡查规范 6. 1. 3 能针对各类突发故障，结合自身经验进行分析和处理，拟定解决方案 6. 1. 4 能开发自动化人工智能运维工具	6. 1. 1 人工智能平台专有硬件的实现细节 6. 1. 2 人工智能平台的部署升级和日常巡查的流程和细节 6. 1. 3 人工智能平台的复杂或突发问题的排查流程、方法和细节 6. 1. 4 自动化运维工具的开发方法

续表

职业功能	工作内容	专业能力要求	相关知识要求
7. 人工智能咨询服务	7.1 人工智能技术咨询	7.1.1 能进行人工智能平台项目的技术要素分析、产业成本分析等咨询 7.1.2 能对人工智能平台项目的人机作用、网络作用、社会作用进行合理性分析咨询	7.1.1 现代工程咨询方法 7.1.2 社会伦理学知识
	7.2 人工智能咨询管理和评价服务	7.2.1 能制订人工智能技术应用的组织管理机制及协调机制 7.2.2 能对人工智能系统应用提出持续改进建议 7.2.3 能进行人工智能项目的社会可持续发展情况评价	7.2.1 系统规划知识 7.2.2 信息系统工程知识 7.2.3 软件体系架构评估知识 7.2.4 社会评价方法
	7.3 人工智能咨询培训及运营管理咨询	7.3.1 能进行人工智能技术咨询服务和运营管理培训 7.3.2 能进行计划、组织、实施和控制等运营过程管理 7.3.3 能进行运营经济性预测，提出运营计划调整策略	7.3.1 培训方案制订方法 7.3.2 运营过程规划及管理知识 7.3.3 敏感数据分析知识

3.3 自然语言及语音处理产品实现

3.3.1 初级

职业功能	工作内容	专业能力要求	相关知识要求
1. 人工智能共性技术应用	1.1 人工智能算法选型及调优	1.1.1 能准确地判断应用任务是否适合用机器学习技术解决 1.1.2 能应用深度学习或主流机器学习算法原理解决实际任务 1.1.3 能运行基础神经网络模型，按照一定的指导原则，对深度神经网络进行调优	1.1.1 机器学习基本概念，包括监督学习、无监督学习、强化学习等 1.1.2 深度神经网络，包括卷积神经网络、长短期记忆网络、图神经网络等的基本概念 1.1.3 机器学习与深度学习算法常见的评估方法（准确率、召回率、AUC 指标、ROC 曲线、检测指标、分割指标等） 1.1.4 图像/视频处理、语音处理、自然语言处理等领域的基本方法

续表

职业功能	工作内容	专业能力要求	相关知识要求
1. 人工智能共性技术应用	1.2 人工智能算法实现及应用	1.2.1 能使用至少一种国产化深度学习框架训练模型，并使用训练好的模型进行预测 1.2.2 能实现深度学习框架的安装、模型训练、推理部署	1.2.1 国产化深度学习框架基本情况 1.2.2 深度学习框架运行的基本软硬件环境要求 1.2.3 至少一种深度学习框架使用方法
2. 人工智能需求分析	自然语言及语音处理需求分析	2.1.1 能明确自然语言及语音处理应用工具或产品的主要服务对象 2.1.2 能根据自然语言及语音处理应用场景进行基本需求分析 2.1.3 能根据不同用户对自然语言及语音处理应用工具或产品的使用习惯进行需求分析	2.1.1 语音识别、语音合成、自然语言处理基础知识 2.1.2 自然语言及语音处理应用工具或产品的工作原理 2.1.3 自然语言及语音处理应用工具或产品的操作方法
3. 人工智能设计开发	自然语言及语音处理设计开发	3.1.1 能进行自然语言处理、语音识别、语音合成、深度学习等基本算法研究，使用专业工具或行业应用 3.1.2 能对特定的应用场景使用合适的自然语言处理、语音识别、合成算法模型 3.1.3 能进行自然语言处理、智能语音引擎接口开发及技术文档编写	3.1.1 自然语言处理、语音信号处理、语音识别、语音合成基础算法知识 3.1.2 数据结构与算法基础知识 3.1.3 自然语言处理及语音识别相关的机器学习及深度学习常用模型
4. 人工智能测试验证	自然语言及语音处理验证	4.1.1 能根据各种自然语言及语音处理应用工具或产品设计需求制订测试计划 4.1.2 能根据各种自然语言及语音处理应用工具或产品，设计测试数据和测试用例，并提交测试报告 4.1.3 能针对不同的应用场景，解决自然语言处理、语音识别、语音合成相关核心技术在实际应用系统中的问题	4.1.1 各种自然语言及语音处理应用工具或产品的测试流程、测试理论和方法 4.1.2 多种测试平台工具和测试方法 4.1.3 网络技术和相关配置知识 4.1.4 需求分析、案例设计与编写、测试案例执行、回归测试、生产上线验证等标准化的测试流程知识

续表

职业功能	工作内容	专业能力要求	相关知识要求
5. 人工智能产品交付	自然语言及语音处理产品交付	5. 1. 1 能按照项目要求与用户沟通，协调前后场人员 5. 1. 2 能根据不同的自然语言及语音处理应用工具或产品，编写各类测试用例、测试报告、用户手册和交付文档 5. 1. 3 能准确收集用户的相关需求	5. 1. 1 计算机基础知识 5. 1. 2 自然语言及语音处理应用工具或产品的测试流程 5. 1. 3 自然语言及语音处理应用工具或产品的技术支持和实施交付流程
6. 人工智能产品运维	自然语言及语音处理产品运维	6. 1. 1 能撰写日常运维方案 6. 1. 2 能完成各种自然语言及语音处理应用工具或产品业务系统的维护和升级 6. 1. 3 能进行自然语言及语音处理应用工具或产品的运维流程、相关规范、手册的制订及实施	6. 1. 1 日常运维文档规范 6. 1. 2 自然语言及语音处理应用工具或产品的操作与运维方法 6. 1. 3 主流操作系统运维知识

3. 3. 2 中级

职业功能	工作内容	专业能力要求	相关知识要求
1. 人工智能共性技术应用	1. 1 人工智能算法选型及调优	1. 1. 1 能快速判断并选择所需要的模型，合理使用机器学习模型与深度学习模型并进行模型调优 1. 1. 2 能调研及运行深度的神经网络模型，在需要进行参数调整和适配到自身的应用问题时，对关键参数的调整能提出解决方案	1. 1. 1 深度学习算法训练、推理、部署的方法及技术细节 1. 1. 2 数据策略、网络中的核心模块、参数规模、优化算法、损失函数、正则项等关键参数 1. 1. 3 数据并行、模型并行、流水线并行等深度学习模型的并行训练方法
	1. 2 人工智能算法实现及应用	1. 2. 1 能完成深度学习框架安装、模型训练、推理部署的全流程 1. 2. 2 能使用深度学习框架的用户接口进行神经网络模型搭建	1. 2. 1 深度学习框架设计的基本概念（如动态图、静态图等） 1. 2. 2 深度学习框架的常用编程接口 1. 2. 3 常用模型的使用方法，如文本生成目标检测、图像分割、机器翻译等

续表

职业功能	工作内容	专业能力要求	相关知识要求
2. 人工智能需求分析	自然语言及语音处理需求分析	2.1.1 能对自然语言及语音处理应用场景需求，有机整合不同算法和模型进行定制化设计 2.1.2 能将人工智能技术整合到各类实际的自然语言及语音处理应用场景对应的系统中，满足业务实际需求 2.1.3 能根据业务需求，对自然语言及语音处理应用工具或产品数据进行统计分析并出具报告	2.1.1 自然语言及语音处理相关基础算法 2.1.2 自然语言处理及语音、音频信号处理相关知识 2.1.3 自然语言处理及语音识别深度学习算法和机器学习相关知识
3. 人工智能设计开发	自然语言及语音处理设计开发	3.1.1 能选择并实现常见的算法模型，将业务需求转化为可实现的技术方案 3.1.2 能协助进行底层自然语言处理、语音识别、语音合成引擎开发和部署 3.1.3 能协助进行自然语言及语音处理设备相关应用产品的研发	3.1.1 自然语言处理（如词法分析、句法分析、情感分析、文本摘要等）、语音识别（如端点检测、声学机理、特征提取、解码搜索）、语音合成、声学模型、数据结构等算法知识 3.1.2 智能芯片、声学结构和器件等原理麦克风阵列信号处理算法 3.1.3 机器学习常用算法知识
4. 人工智能测试验证	自然语言及语音处理验证	4.1.1 能基于自然语言处理系统，按场景需求，与外部数据语料、业务系统等完成接口集成与验证 4.1.2 能对自然语言处理、语音识别和合成结果准确率进行人工测评，并对标注结果进行质量审核，反馈审核结果 4.1.3 能使用不同工具结合自然语言处理、语音识别和合成应用，对使用过程中产生的数据进行收集和分析，为工具或产品的优化提供依据和支撑	4.1.1 常用自然语言处理基础模型及语音模型的构建与使用方法 4.1.2 语音拨号、语音导航、室内设备控制等工具使用方法 4.1.3 软硬件测试平台工具和测试方法
5. 人工智能产品交付	自然语言及语音处理产品交付	5.1.1 能安装与部署相关自然语言及语音处理产品 5.1.2 能进行自然语言及语音处理产品上线后的维护支撑工作 5.1.3 能按照自然语言及语音处理产品需求，进行安全策略配置，完成产品上线试运行	5.1.1 主流操作系统开发环境知识 5.1.2 大数据流处理计算框架工具 5.1.3 自然语言处理及语音全链路技术

续表

职业功能	工作内容	专业能力要求	相关知识要求
6. 人工智能产品运维	自然语言及语音处理产品运维	6.1.1 能及时跟踪国内外自然语言及语音处理技术的发展，并结合产品运行状况做持续优化 6.1.2 能推动产品程序架构与部署优化，推动产品运维流程的自动化 6.1.3 能进行自然语言及语音处理应用工具或产品线上线下系统的发布、更新、架构调整、服务器环境配置和调试	6.1.1 多种运维脚本编写知识 6.1.2 数据库运维知识和各个中间件的安装、配置、调优方法 6.1.3 多种社区开源工具使用方法
7. 人工智能咨询服务	7.1 人工智能技术咨询	7.1.1 能进行自然语言处理、语音识别、语音合成、语义理解项目的技术评估，使用现代工程咨询方法进行相应咨询服务 7.1.2 能进行自然语言及语音处理项目技术体系架构和方案设计，完成项目建议书的编写、可行性研究报告的编制，编制相应的实施规划	7.1.1 工程咨询方法与系统分析知识 7.1.2 技术评估基本方法 7.1.3 项目建议书、可行性研究报告编制方法 7.1.4 招投标技术咨询知识和项目后评价方法
	7.2 人工智能系统咨询管理和评价服务	7.2.1 能进行人工智能系统项目资源分析和评价 7.2.2 能进行人工智能系统人机交互、隐私保护、数据安全等技术的咨询和评价服务	7.2.1 项目资源的计划、配置、控制和处置方法 7.2.2 人工智能伦理知识 7.2.3 隐私保护知识
	7.3 人工智能咨询培训及运营管理咨询	7.3.1 能组织开展人工智能技术咨询服务培训 7.3.2 能跟进人工智能最新技术及应用场景，并针对性开展技术论证 7.3.3 能对人工智能项目运营过程进行咨询	7.3.1 培训方法及问题反馈和分析方法 7.3.2 培训质量管理知识 7.3.3 运营管理方法

3.3.3 高级

职业功能	工作内容	专业能力要求	相关知识要求
1. 人工智能共性技术应用	1.1 人工智能算法选型及调优	1.1.1 能在面对用户需求和业务需求时，将其准确转换为机器学习语言、算法及模型 1.1.2 能对机器学习技术要素进行组合使用，并进行建模 1.1.3 能在标准算法基础上，对组合多种机器学习技术要素进行模型设计及调优的能力	1.1.1 新型模型和相关技术 1.1.2 深度学习模型的剪枝、量化、蒸馏和模型结构搜索等模型压缩方法
	1.2 人工智能算法实现及应用	1.2.1 能使用深度学习框架实现算法的设计和开发 1.2.2 能合理组合、改造并创新深度学习模型来解决更加复杂的应用问题	1.2.1 深度学习框架的技术细节及发展趋势 1.2.2 深度神经网络结构与深度学习算法的开发设计方法
2. 人工智能需求分析	自然语言及语音处理需求分析	2.1.1 能根据自然语言处理、语音识别、语音合成应用场景的特点在效果、效率及具体场景实现全面定制化的需求分析 2.1.2 能根据业务需求，对自然语言处理、语音翻译、语音控制、语音转录、情感识别及声纹识别等语音应用场景提供解决方案	2.1.1 主要自然语言处理任务（如词法分析、句法分析、情感分析、文本摘要等）技术原理 2.1.2 数字信号处理、语言模型、声学机理等原理 2.1.3 声学模型训练方法和声纹处理等多项技术原理
3. 人工智能设计开发	自然语言及语音处理设计开发	3.1.1 能进行自然语言处理、语音识别、语音合成等技术架构研究 3.1.2 能构建智能问答、机器翻译、智能对话、语音翻译、语音控制、语音转录、情感识别及声纹识别等自然语言及语音处理应用架构 3.1.3 能对不同自然语言及语音处理场景的通用部分进行提取抽象 3.1.4 能解决对大型复杂自然语言及语音处理应用场景下设计与架构的工具选择、性能优化问题	3.1.1 自然语言处理任务（如词法分析、句法分析、情感分析、文本摘要等）所涉模型、语言模型和声学模型训练、解码器或识别算法优化知识 3.1.2 多种深度学习框架知识 3.1.3 自然语言处理模型、数字信号处理、语音合成引擎开发、计算加速、效率优化等关键技术知识

续表

职业功能	工作内容	专业能力要求	相关知识要求
4. 人工智能测试验证	自然语言及语音处理验证	4.1.1 能编写自动化测试案例与脚本，部署执行自动化测试案例，定位排查问题 4.1.2 能对自然语言处理、语音识别、语音合成产品系统进行数据处理、模型训练、结果分析、实验验证 4.1.3 能通过分析问题、收集数据、特征提取、建模、设计算法、评估改进等步骤来解决实践中面临的复杂问题 4.1.4 能根据需求设计性能测试方案，编写性能测试脚本并执行	4.1.1 前端测试方案、接口测试方案、大数据测试方案、分布式测试方案的设计知识 4.1.2 自然语言处理、语音识别和语音合成系统工具使用方法 4.1.3 多种性能测试工具使用方法 4.1.4 大数据流处理计算框架工具和数据库使用方法
5. 人工智能产品交付	自然语言及语音处理产品交付	5.1.1 能对属地技术人员进行语音应用工具或产品的交付技术培训 5.1.2 能按照项目既定计划完成交付，并承担交付过程中需要的技术方案等交付物的编写 5.1.3 能持续改进完善自然语言及语音处理应用工具或产品的交付流程和流程产物要求	5.1.1 培训教学方法 5.1.2 多种语音应用工具或产品的安装、配置、调试的操作方法 5.1.3 项目管理的五个过程和十个知识领域
6. 人工智能产品运维	自然语言及语音处理产品运维	6.1.1 能开发自然语言及语音处理自动化运维平台 6.1.2 能构建自动化的自然语言及语音处理系统优化模式 6.1.3 能根据自然语言及语音处理工具和系统的发展情况，及时引进新系统和新工具	6.1.1 主流操作系统管理、安全及系统优化方法 6.1.2 多种自动化运维编程工具使用方法 6.1.3 分布式计算框架知识 6.1.4 性能优化方法
7. 人工智能咨询服务	7.1 人工智能技术咨询	7.1.1 能进行自然语言及语音处理项目的技术要素分析、产业成本分析、产业链架构等咨询 7.1.2 能对自然语言及语音处理系统的人机作用、网络作用、社会作用进行合理性分析咨询	7.1.1 现代工程咨询方法 7.1.2 社会伦理学知识

续表

职业功能	工作内容	专业能力要求	相关知识要求
7. 人工智能咨询服务	7.2 人工智能咨询管理和评价服务	7.2.1 能制订人工智能技术应用的组织管理机制及协调机制 7.2.2 能对人工智能系统应用提出持续改进建议 7.2.3 能进行人工智能项目的社会可持续发展情况评价	7.2.1 系统规划知识 7.2.2 信息系统工程知识 7.2.3 软件体系架构评估知识 7.2.4 社会评价方法
	7.3 人工智能咨询培训及运营管理咨询	7.3.1 能进行人工智能技术咨询服务和运营管理培训 7.3.2 能进行计划、组织、实施和控制等运营过程管理 7.3.3 能进行运营经济性预测，提出运营计划调整策略	7.3.1 培训方案制订方法 7.3.2 运营过程规划及管理知识 7.3.3 敏感数据分析知识

3.4 计算机视觉产品实现

3.4.1 初级

职业功能	工作内容	专业能力要求	相关知识要求
1. 人工智能共性技术应用	1.1 人工智能算法选型及调优	1.1.1 能准确地判断应用任务是否适合用机器学习技术解决 1.1.2 能应用深度学习或主流机器学习算法原理解决实际任务 1.1.3 能运行基础神经网络模型，按照一定的指导原则，对深度神经网络进行调优	1.1.1 机器学习基本概念，包括监督学习、无监督学习、强化学习等 1.1.2 深度神经网络，包括卷积神经网络、长短期记忆网络、图神经网络等的基本概念 1.1.3 机器学习与深度学习算法常见的评估方法：准确率、召回率、AUC 指标、ROC 曲线、检测指标、分割指标等 1.1.4 图像/视频处理、语音处理、自然语言处理等领域的基本方法

续表

职业功能	工作内容	专业能力要求	相关知识要求
1. 人工智能共性技术应用	1.2 人工智能算法实现及应用	1.2.1 能使用至少一种国产化深度学习框架训练模型，并使用训练好的模型进行预测 1.2.2 能实现深度学习框架的安装、模型训练、推理部署	1.2.1 国产化深度学习框架基本情况 1.2.2 深度学习框架运行的基本软硬件环境要求 1.2.3 至少一种深度学习框架使用方法
2. 人工智能需求分析	计算机视觉需求分析	2.1.1 能结合计算机视觉研发的主要流程、主要硬件平台和用户使用场景进行市场调研与分析 2.1.2 能整理用户对计算机视觉的需求 2.1.3 能撰写计算机视觉业务基础需求设计分析和需求文档，合理应用目标检测、分割、图像语义理解等计算机视觉算法满足用户的需求	2.1.1 计算机视觉技术体系基本架构和主要技术规范 2.1.2 计算机视觉模型的训练、推理、部署方法和流程 2.1.3 计算机视觉场景需求设计分析和需求文档的撰写规范
3. 人工智能设计开发	计算机视觉设计开发	3.1.1 能设计基础的应用计算机视觉场景开发主要流程 3.1.2 能使用计算机视觉开发工具完成计算机视觉基础算法的训练、推理、部署完整流程，如目标检测、图像分割等 3.1.3 能使用计算机视觉算法工程化常用的硬件环境、工具链，进行开发、调试和故障排除	3.1.1 计算机视觉场景的主要环节和技术规范 3.1.2 计算机视觉工具的使用方法和算法开发流程 3.1.3 计算机视觉基础算法，深度学习中的目标检测、图像分割、目标追踪等计算机视觉相关算法
4. 人工智能测试验证	计算机视觉验证	4.1.1 能执行计算机视觉人工智能场景的验证流程 4.1.2 能执行计算机视觉应用主要组件的使用流程 4.1.3 能完整验证计算机视觉应用组件的功能、性能等 4.1.4 能完整验证计算机视觉开发的算法和模型的精度	4.1.1 计算机视觉人工智能场景的主要环节和验证方法 4.1.2 计算机视觉应用的主要组件和使用流程 4.1.3 计算机视觉应用主要组件的功能验证方法和性能验证方法 4.1.4 计算机视觉算法和模型的精测验证方法

续表

职业功能	工作内容	专业能力要求	相关知识要求
5. 人工智能产品交付	计算机视觉产品交付	5.1.1 能执行计算机视觉场景交付的主要流程 5.1.2 能执行计算机视觉的主要组件和安装交付流程 5.1.3 能结合计算机视觉业务场景编制产品交付文档 5.1.4 能根据计算机视觉现场情况进行软件的安装调试和维护	5.1.1 计算机视觉场景的主要环节和交付方法 5.1.2 计算机视觉的主要组件和安装、配置、调试的方法 5.1.3 计算机视觉的产品交付文档的规范和撰写要求 5.1.4 计算机视觉基础算法，如图像分类、目标检测、图像分割等
6. 人工智能产品运维	计算机视觉产品运维	6.1.1 能使用计算机视觉产品操作命令 6.1.2 能在专有硬件上运维计算机视觉产品 6.1.3 能按照计算机视觉产品部署手册对产品进行部署升级 6.1.4 能根据标准流程进行计算机视觉产品的日常巡查	6.1.1 计算机视觉产品的操作与运维技术 6.1.2 计算机视觉产品的专有硬件知识 6.1.3 计算机视觉产品的部署升级方法 6.1.4 计算机视觉产品的日常巡查规范

3.4.2 中级

职业功能	工作内容	专业能力要求	相关知识要求
1. 人工智能共性技术应用	1.1 人工智能算法选型及调优	1.1.1 能快速判断并选择所需要的模型，合理使用机器学习模型与深度学习模型并进行模型调优 1.1.2 能调研及运行深度的神经网络模型，在需要进行参数调整和适配到自身的应用问题时，对关键参数的调整能提出解决方案	1.1.1 深度学习算法训练、推理、部署的方法及技术细节 1.1.2 数据策略、网络中的核心模块、参数规模、优化算法、损失函数、正则项等关键参数 1.1.3 数据并行、模型并行、流水线并行等深度学习模型的并行训练的方法
	1.2 人工智能算法实现及应用	1.2.1 能完成深度学习框架安装、模型训练、推理部署的全流程 1.2.2 能使用深度学习框架的用户接口进行神经网络模型搭建	1.2.1 深度学习框架设计的基本概念（如动态图、静态图等） 1.2.2 深度学习框架的常用编程接口 1.2.3 常用模型的使用方法，如文本生成目标检测、图像分割、机器翻译等

续表

职业功能	工作内容	专业能力要求	相关知识要求
2. 人工智能需求分析	计算机视觉需求分析	2. 1. 1 能挖掘计算机视觉研发的主要流程、主要硬件平台和用户使用场景的细节 2. 1. 2 能将用户的使用问题整理转化为计算机视觉的业务需求 2. 1. 3 能使用至少一种计算机视觉算法主要的应用领域及常见算法评估方法，在此领域中结合具体业务场景，系统化地评估算法应用的实施效果 2. 1. 4 能使用至少一种计算机视觉算法工程化应用的主流软硬件解决方案，在此领域中结合具体应用场景评估解决方案 2. 1. 5 能根据计算机视觉领域的业务需求设计规范，撰写或指导本领域的初级人员撰写计算机视觉业务需求设计分析和需求文档，合理应用目标检测、分割、图像语义理解等计算机视觉算法满足用户的需求	2. 1. 1 计算机视觉技术体系架构和技术规范细节 2. 1. 2 计算机视觉算法的训练、推理、部署方法、流程和操作细节 2. 1. 3 计算机视觉的主流算法和评估方法 2. 1. 4 计算及视觉的工程开发主流软硬件知识和评估方法 2. 1. 5 计算机视觉场景需求设计分析撰写规范和指导方法
3. 人工智能设计开发	计算机视觉设计开发	3. 1. 1 能进行应用计算机视觉场景全流程及细节设计 3. 1. 2 能针对具体业务场景修改计算机视觉的算法和相关前后处理，使得算法可以满足场景需求 3. 1. 3 能根据具体的业务要求，将业务问题建模为对应的计算机视觉问题，并针对性的选用合适的算法 3. 1. 4 能调试和解决算法工程化过程中的故障与问题 3. 1. 5 能指导本领域的初级人员完成计算式视觉算法工程化的开发、调试和故障排除	3. 1. 1 计算机视觉场景的全流程细节和技术规范 3. 1. 2 计算机视觉主要算法和特点，深度学习中的目标检测、图像分割、目标追踪等计算机视觉相关算法 3. 1. 3 计算机视觉工具的特点、使用方法，以及算法开发全流程和细节 3. 1. 4 计算机视觉算法工程化常用的硬件环境和开发工具的细节

续表

职业功能	工作内容	专业能力要求	相关知识要求
4. 人工智能测试验证	计算机视觉验证	4.1.1 能设计计算机视觉人工智能场景的验证流程和细节 4.1.2 能设计针对计算机视觉应用主要组件的测试计划，完整地验证其功能、精度、性能等 4.1.3 能制订自动化解决方案，使用测试工具实现针对计算机视觉应用的自动化测试	4.1.1 计算机视觉人工智能场景的主要环节和验证方法技术细节 4.1.2 计算机视觉应用的主要组件和使用流程技术细节 4.1.3 计算机视觉应用主要组件的功能验证方法和性能验证方法技术细节 4.1.4 计算机视觉算法和模型的精测验证方法技术细节 4.1.5 自动化测试的方法和工具
5. 人工智能产品交付	计算机视觉产品交付	5.1.1 能进行计算机视觉场景交付的全流程及细节设计 5.1.2 能设计计算机视觉的主要组件和安装交付流程的操作细节 5.1.3 能基于计算机视觉业务场景编制产品交付文档，并指导本领域初级人员完成产品交付文档的编制 5.1.4 能根据计算机视觉现场情况进行软件的安装调试和维护，并对计算机视觉现场部署过程中的交付问题进行分析、定位和解决 5.1.5 能对计算机视觉产品的交付质量、时间、成本及风险进行初步评估	5.1.1 计算机视觉场景的全流程细节和交付方法的技术特点 5.1.2 计算机视觉的主要组件和安装、配置、调试的方法和操作细节 5.1.3 计算机视觉的产品交付文档的规范、撰写要求和指导方法 5.1.4 计算机视觉问题的定位方法和工具 5.1.5 计算机视觉主流算法的细节和特点
6. 人工智能产品运维	计算机视觉产品运维	6.1.1 能在专有硬件上运维计算机视觉产品 6.1.2 能进行视觉产品或设备的故障诊断和预测性维护分析 6.1.3 能按照计算机视觉产品常见问题排查流程和标准步骤，进行问题排查	6.1.1 计算机视觉的主要应用流程和基础算法 6.1.2 计算机视觉产品的部署升级和日常巡查的流程和细节 6.1.3 计算机视觉产品的问题排查流程、方法和细节

续表

职业功能	工作内容	专业能力要求	相关知识要求
7. 人工智能咨询服务	7.1 人工智能技术咨询	7.1.1 能进行计算机视觉项目的技术评估，使用现代工程咨询方法进行相应咨询服务 7.1.2 能进行计算机视觉项目技术体系架构和方案设计，完成项目建议书的编写、可行性研究报告的编制，编制相应的实施规划	7.1.1 工程咨询方法与系统分析知识 7.1.2 项目建议书、可行性研究报告编制方法 7.1.3 招投标技术咨询知识和项目后评价方法
	7.2 人工智能系统咨询管理和评价服务	7.2.1 能进行人工智能系统项目资源分析和评价 7.2.2 能进行人工智能系统人机交互、隐私保护、数据安全等技术的咨询和评价服务	7.2.1 项目资源的计划、配置、控制和处置方法 7.2.2 人工智能伦理知识 7.2.3 隐私保护知识
	7.3 人工智能咨询培训及运营管理咨询	7.3.1 能组织开展人工智能技术咨询服务培训 7.3.2 能跟进人工智能最新技术及应用场景，并针对性开展技术论证 7.3.3 能对人工智能项目运营过程进行咨询	7.3.1 培训方法及问题反馈和分析方法 7.3.2 培训质量管理知识 7.3.3 运营管理方法

3.4.3 高级

职业功能	工作内容	专业能力要求	相关知识要求
1. 人工智能共性技术应用	1.1 人工智能算法选型及调优	1.1.1 能在面对用户需求和业务需求时，将其准确转换为机器学习语言、算法及模型 1.1.2 能对机器学习技术要素进行组合使用，并进行建模 1.1.3 能在标准算法基础上，对组合多种机器学习技术要素进行模型设计及调优的能力	1.1.1 新型模型和相关技术 1.1.2 深度学习模型的剪枝、量化、蒸馏和模型结构搜索等模型压缩方法

续表

职业功能	工作内容	专业能力要求	相关知识要求
1. 人工智能共性技术应用	1.2 人工智能算法实现及应用	1.2.1 能使用深度学习框架实现算法的设计和开发 1.2.2 能合理组合、改造并创新深度学习模型来解决更加复杂的应用问题	1.2.1 深度学习框架的技术细节及发展趋势 1.2.2 深度神经网络结构与深度学习算法的开发设计方法
2. 人工智能需求分析	计算机视觉需求分析	2.1.1 能设计计算机视觉算法研发的主要流程，结合具体原因设计计算机视觉使用场景的细节，制订计算机视觉算法研发的整体计划，并拆解到各个主要流程中 2.1.2 能使用主流计算机视觉算法的应用领域及评估方法，结合具体业务场景分析与设计算法应用的主要技术指标，系统化地评估算法应用的实施效果 2.1.3 能使用主流计算机视觉算法工程化应用的软硬件解决方案，结合具体应用场景以及软硬件特点设计和应用解决方案，指导项目部署与实施 2.1.4 能根据用户的场景需求和计算机视觉算法的发展情况，制订计算机视觉的业务需求设计规范	2.1.1 计算机视觉技术体系架构和技术规范及制订原因 2.1.2 现有计算机视觉算法的主要特点、评估方法和发展趋势 2.1.3 计算及视觉的工程开发主流软硬件的主要特点、评估方法和发展趋势
3. 人工智能设计开发	计算机视觉设计开发	3.1.1 能对计算机视觉主要算法的内部机制具有深刻的理解，结合业务需要设计算法模型 3.1.2 能根据具体的业务要求，将业务问题建模为对应的机器学习问题，并针对问题选用合适的算法，必要的时候进行优化 3.1.3 能使用计算机视觉算法工程化常用的硬件环境和工具，根据业务需求选择和设计软硬件方案 3.1.4 能指导本领域的初级人员完成计算式视觉算法工程化的开发、调试和故障排除	3.1.1 计算机视觉技术体系架构和前沿研究领域发展趋势 3.1.2 计算机视觉的核心原理和重要相关应用领域的知识 3.1.3 计算机视觉主流算法的技术原理、细节和特点 3.1.4 计算机视觉工具的特点、使用方法，以及算法开发全流程、设计原理和细节

续表

职业功能	工作内容	专业能力要求	相关知识要求
4. 人工智能测试验证	计算机视觉验证	4. 1. 1 能合理运用计算机视觉应用的主要组件和使用流程，设计针对其中组件的测试计划，完整地验证其功能、精度、性能等 4. 1. 2 能组织完成自动化测试工具的设计和实现，用于计算机视觉应用的测试和验证 4. 1. 3 能设计和搭建自动化测试以及 CI/CD 基础设施，并利用基础设施持续提升测试质量与效率	4. 1. 1 计算机视觉场景和应用的验证方法的技术特点和发展趋势 4. 1. 2 计算机视觉算法和模型的精测验证方法的技术特点和发展趋势 4. 1. 3 自动化测试方法和工具的技术特点和发展趋势
5. 人工智能产品交付	计算机视觉产品交付	5. 1. 1 能设计并预警计算机视觉场景交付的全流程细节，以及交付方法的技术特点和发展趋势 5. 1. 2 能制订计算机视觉的安装交付流程 5. 1. 3 能面向复杂场景，设计计算机视觉产品交付方案，编制交付文档，并指导本领域初级人员完成产品交付文档的编制 5. 1. 4 能指导交付团队实现复杂计算机视觉现场部署、调试与维护 5. 1. 5 能对计算机视觉产品的交付质量、时间、成本及风险进行全局评估	5. 1. 1 计算机视觉场景的全流程细节和交付方法的技术特点及发展趋势 5. 1. 2 计算机视觉的主要组件和安装、配置、调试的技术原理 5. 1. 3 计算机视觉的产品交付文档规范、撰写要求、指导方法的制订原因 5. 1. 4 面向复杂场景的计算机视觉问题定位的原理，以及辅助工具的开发方法 5. 1. 5 计算机视觉主流算法的技术原理
6. 人工智能产品运维	计算机视觉产品运维	6. 1. 1 能解决各类突发故障，并结合自身经验针对性地进行分析和处理 6. 1. 2 能开发自动化运维工具	6. 1. 1 计算机视觉产品专有硬件的实现细节 6. 1. 2 自动化运维工具的开发方法

续表

职业功能	工作内容	专业能力要求	相关知识要求
7. 人工智能咨询服务	7.1 人工智能技术咨询	7.1.1 能进行计算机视觉项目的技术要素分析、产业成本分析、产业链架构等咨询 7.1.2 能对计算机视觉系统的人机作用、网络作用、社会作用进行合理性分析咨询	7.1.1 现代工程咨询方法 7.1.2 社会伦理学知识
	7.2 人工智能咨询管理和评价服务	7.2.1 能制订人工智能技术应用的组织管理机制及协调机制 7.2.2 能对人工智能系统应用提出持续改进建议 7.2.3 能进行人工智能项目的社会可持续发展情况评价	7.2.1 系统规划知识 7.2.2 信息系统工程知识 7.2.3 软件体系架构评估知识 7.2.4 社会评价方法
	7.3 人工智能咨询培训及运营管理咨询	7.3.1 能进行人工智能技术咨询服务和运营管理培训 7.3.2 能进行计划、组织、实施和控制等运营过程管理 7.3.3 能进行运营经济性预测，提出运营计划调整策略	7.3.1 培训方案制订方法 7.3.2 运营过程规划及管理知识 7.3.3 敏感数据分析知识

3.5 人工智能应用产品集成实现

3.5.1 初级

职业功能	工作内容	专业能力要求	相关知识要求
1. 人工智能共性技术应用	1.1 人工智能算法选型及调优	1.1.1 能准确地判断应用任务是否适合用机器学习技术解决 1.1.2 能应用深度学习或主流机器学习算法原理解决实际任务 1.1.3 能运行基础神经网络模型，按照一定的指导原则，对深度神经网络进行调优	1.1.1 机器学习基本概念，包括监督学习、无监督学习、强化学习等 1.1.2 深度神经网络，包括卷积神经网络、长短期记忆网络、图神经网络等的基本概念 1.1.3 机器学习与深度学习算法常见的评估方法：准确率、召回率、AUC 指标、ROC 曲线、检测指标、分割指标等 1.1.4 图像/视频处理、语音处理、自然语言处理等领域的基本方法

续表

职业功能	工作内容	专业能力要求	相关知识要求
1. 人工智能共性技术应用	1.2人工智能算法实现及应用	1.2.1能使用至少一种国产化深度学习框架训练模型，并使用训练好的模型进行预测 1.2.2能实现深度学习框架的安装、模型训练、推理部署	1.2.1国产化深度学习框架基本情况 1.2.2深度学习框架运行的基本软硬件环境要求 1.2.3至少一种深度学习框架使用方法
2. 人工智能需求分析	人工智能应用集成需求分析	2.1.1能收集用户对人工智能应用的需求，进行需求分析 2.1.2能根据人工智能产品主要的应用领域、服务对象和使用场景、应用需求，选择人工智能产品 2.1.3能撰写人工智能应用集成需求分析文档	2.1.1人工智能应用集成需求调研方法 2.1.2人工智能产品知识、典型场景和人工智能产品集成应用成熟案例 2.1.3人工智能应用需求分析文档撰写规范
3. 人工智能设计开发	人工智能应用集成设计开发	3.1.1能列出人工智能应用中涉及的数据，并利用数据分析与处理方法准备数据 3.1.2能使用常用编程语言和主流平台工具，进行人工智能应用相关模块代码的开发 3.1.3能根据人工智能应用集成设计方案和开发方案，进行人工智能应用接口的基础性开发	3.1.1数据采集、预处理、统计、挖掘等常见数据分析与处理方法 3.1.2人工智能程序低代码开发工具的使用方法 3.1.3人工智能应用常见集成方法 3.1.4应用集成接口开发知识
4. 人工智能产品交付	人工智能应用集成产品交付	4.1.1能按照人工智能应用集成的交付流程和交付标准，进行人工智能应用主要组件和接口的安装、配置、调试 4.1.2能按照人工智能应用集成的交付流程和交付标准，进行人工智能应用的功能测试验证和性能测试 4.1.3能基于业务场景编制人工智能应用安装手册、使用手册等交付文档	4.1.1人工智能应用集成交付的主要环节和交付方法 4.1.2智能语音、计算机视觉、自然语言处理、机器人流程自动化等人工智能应用集成主要组件的安装、配置、调试方法 4.1.3人工智能应用交付文档的规范和撰写要求

续表

职业功能	工作内容	专业能力要求	相关知识要求
5. 人工智能产品运维	人工智能应用集成产品运维	5.1.1 能根据产品手册和运维手册，部署、操作常见的人工智能产品 5.1.2 能根据产品手册与运维手册，执行标准的运维流程，包括日常巡检、部署升级等 5.1.3 能记录日常运维工作，撰写运维日志和运维文档	5.1.1 人工智能产品的使用知识 5.1.2 适合人工智能应用的软硬件、操作系统和网络知识 5.1.3 人工智能应用运维日志和运维文档撰写方法

3.5.2 中级

职业功能	工作内容	专业能力要求	相关知识要求
1. 人工智能共性技术应用	1.1 人工智能算法选型及调优	1.1.1 能快速判断并选择所需要的模型，合理使用机器学习模型与深度学习模型并进行模型调优 1.1.2 能调研及运行深度的神经网络模型，在需要进行参数调整和适配到自身的应用问题时，对关键参数的调整能提出解决方案	1.1.1 深度学习算法训练、推理、部署的方法及技术细节 1.1.2 数据策略、网络中的核心模块、参数规模、优化算法、损失函数、正则项等关键参数 1.1.3 数据并行、模型并行、流水线并行等深度学习模型的并行训练方法
	1.2 人工智能算法实现及应用	1.2.1 能完成深度学习框架安装、模型训练、推理部署的全流程 1.2.2 能使用深度学习框架的用户接口进行神经网络模型搭建	1.2.1 深度学习框架设计的基本概念（如动态图、静态图等） 1.2.2 深度学习框架的常用编程接口 1.2.3 常用模型的使用方法，如文本生成目标检测、图像分割、机器翻译等
2. 人工智能需求分析	人工智能应用集成需求分析	2.1.1 能根据应用场景的特点，聚焦应用集成目标，将用户对应用集成的主要诉求整理、转化成人工智能应用集成需求 2.1.2 能指导本领域初级人员撰写业务场景需求分析文档	2.1.1 应用集成的主要方法和风险防范知识 2.1.2 人工智能产品的开放性与集成效果评估知识 2.1.3 人工智能应用集成需求调研方法 2.1.4 人工智能应用项目需求管理相关流程

续表

职业功能	工作内容	专业能力要求	相关知识要求
3. 人工智能设计开发	人工智能应用集成设计开发	3. 1. 1 能根据现状分析与需求分析文档，编制人工智能应用集成设计方案和开发方案 3. 1. 2 能面向用户集成需要，完成人工智能应用的选型，并选择合理的人工智能产品组合，对多种组合方案进行分析比对 3. 1. 3 能梳理集成数据和业务流程，理清应用间集成关系 3. 1. 4 能完成人工智能应用间的一般软硬件接口设计与开发，以及一般集成中间件的开发 3. 1. 5 能完成人工智能应用使用到 AI 算法的选型与实现、模型训练等	3. 1. 1 人工智能应用集成设计方案和开发方案撰写规范 3. 1. 2 面向集成需求的人工智能应用选型原则与方法 3. 1. 3 物理接口、软件接口、数据接口、中间件、机器人流程自动化等人工智能应用组件软硬件接口设计和开发方法 3. 1. 4 模型训练技术与方法
4. 人工智能产品交付	人工智能应用集成产品交付	4. 1. 1 能设计人工智能应用集成交付方案，编制人工智能应用交付文档 4. 1. 2 能根据应用集成设计方案，协调各被集成人工智能应用供应商，有效组织开展集成工作，按方案要求开发接口并调试 4. 1. 3 能结合客户实际现场环境，完成 AI 集成应用运行环境搭建 4. 1. 4 能对所开发的接口进行部署，并与各集成应用实现联调测试，将人工智能应用从测试环境交付到正式环境	4. 1. 1 人工智能应用集成项目管理与交付知识 4. 1. 2 人工智能应用环境搭建基础知识 4. 1. 3 常见人工智能工具、平台的使用知识
5. 人工智能产品运维	人工智能应用集成产品运维	5. 1. 1 能根据常见人工智能产品的运行状况、故障特征及判定方法，按照标准步骤排查现场运行的简单问题和故障 5. 1. 2 能开展人工智能应用集成上线运行后的日常维护，解决客户的技术要求、疑问和使用过程中的问题 5. 1. 3 能进行运维流程、相关规范、手册的制订及实施	5. 1. 1 常见人工智能产品的运行状况、故障特征及判定方法 5. 1. 2 人工智能应用常见问题排查方法 5. 1. 3 人工智能应用集成环境搭建基础知识 5. 1. 4 人工智能应用软硬件运维的基础知识

续表

职业功能	工作内容	专业能力要求	相关知识要求
6. 人工智能咨询服务	6.1 人工智能技术咨询	6.1.1 能进行人工智能应用集成项目工作流程规划，使用现代工程咨询方法进行相应咨询服务 6.1.2 能进行人工智能应用集成项目技术体系架构和方案设计，完成项目建议书的编写、可行性研究报告的编制，编制相应的实施规划	6.1.1 工程咨询方法与系统分析知识 6.1.2 技术评估基本方法 6.1.3 项目建议书、可行性研究报告编制方法 6.1.4 招投标技术咨询知识和项目后评价方法
	6.2 人工智能系统咨询管理和评价服务	6.2.1 能进行人工智能系统项目资源分析和评价 6.2.2 能进行人工智能系统人机交互、隐私保护、数据安全等技术的咨询和评价服务	6.2.1 项目资源的计划、配置、控制和处置方法 6.2.2 人工智能伦理知识 6.2.3 隐私保护知识
	6.3 人工智能咨询培训及运营管理咨询	6.3.1 能组织开展人工智能技术咨询服务培训 6.3.2 能跟进人工智能最新技术及应用场景，并针对性开展技术论证 6.3.3 能对人工智能项目运营过程进行咨询	6.3.1 培训方法及问题反馈和分析方法 6.3.2 培训质量管理知识 6.3.3 运营管理方法

3.5.3 高级

职业功能	工作内容	专业能力要求	相关知识要求
1. 人工智能共性技术应用	1.1 人工智能算法选型及调优	1.1.1 能在面对用户需求和业务需求时，将其准确转换为机器学习语言、算法及模型 1.1.2 能对机器学习技术要素进行组合使用，并进行建模 1.1.3 能在标准算法基础上，对组合多种机器学习技术要素进行模型设计及调优的能力	1.1.1 新型模型和相关技术 1.1.2 深度学习模型的剪枝、量化、蒸馏和模型结构搜索等模型压缩方法
	1.2 人工智能算法实现及应用	1.2.1 能使用深度学习框架实现算法的设计和开发 1.2.2 能合理组合、改造并创新深度学习模型来解决更加复杂的应用问题	1.2.1 深度学习框架的技术细节及发展趋势 1.2.2 深度神经网络结构与深度学习算法的开发设计方法

续表

职业功能	工作内容	专业能力要求	相关知识要求
2. 人工智能需求分析	人工智能应用集成需求分析	2.1.1 能利用行业知识和集成经验，开展人工智能应用集成咨询与诊断 2.1.2 能在行业场景中挖掘人工智能应用需求，引导用户将使用问题转化为人工智能应用需求 2.1.3 能制订人工智能应用需求分析文档规范，指导本领域初级人员进行需求分析和需求分析文档撰写	2.1.1 人工智能应用集成方法 2.1.2 主要人工智能产品的技术特点及发展趋势 2.1.3 人工智能应用集成咨询知识
3. 人工智能设计开发	人工智能应用集成设计开发	3.1.1 能在人工智能应用集成设计方案中合理考虑集成安全、成本、质量、可扩展性等关键要素并实现均衡优化，合理分解性能指标 3.1.2 能确认和评估 AI 集成应用开发需求，制订开发规范，搭建系统集成实现的核心构架和复杂接口设计开发 3.1.3 能对被集成供应商的开发工作提出明确要求，并对交付物进行审核确认 3.1.4 能进行总体技术路线制订和核心算法选型	3.1.1 人工智能应用选型与适配知识 3.1.2 人工智能应用集成开发知识与集成性能评估知识 3.1.3 应用集成可靠性知识
4. 人工智能产品交付	人工智能应用集成产品交付	4.1.1 能制订人工智能应用集成的交付规范 4.1.2 能指导交付团队实现复杂场景下应用集成的现场部署、调试与维护，或协调人工智能应用组件供应商完成安装交付 4.1.3 能在现场对集成接口进行及时优化和适应性开发	4.1.1 集成项目管理与交付知识 4.1.2 接口开发与调试知识 4.1.3 人工智能应用集成全系统联调知识

续表

职业功能	工作内容	专业能力要求	相关知识要求
5. 人工智能产品运维	人工智能应用集成产品运维	5.1.1 能制订人工智能应用集成的部署升级规范、日常巡查规范和运维预案 5.1.2 能针对运维期间的疑难问题和突发故障，针对性地进行分析和处理 5.1.3 能开展人工智能应用集成系统的性能优化 5.1.4 能根据人工智能应用运行结果及场景需求，优化 AI 算法、AI 软件	5.1.1 人工智能应用的操作与运维技术 5.1.2 人工智能应用的部署升级和日常巡查的流程和细节 5.1.3 人工智能应用的问题排查流程、方法和细节 5.1.4 系统性能优化知识 5.1.5 AI 算法和 AI 软件体系架构和相关编程知识
6. 人工智能咨询服务	6.1 人工智能技术咨询	6.1.1 能进行人工智能应用集成项目的技术要素分析、产业成本分析、产业链架构等咨询 6.1.2 能对人工智能应用集成系统的人机作用、网络作用、社会作用进行合理性分析咨询	6.1.1 现代工程咨询方法 6.1.2 社会伦理学知识
	6.2 人工智能咨询管理和评价服务	6.2.1 能制订人工智能技术应用的组织管理机制及协调机制 6.2.2 能对人工智能系统应用提出持续改进建议 6.2.3 能进行人工智能项目的社会可持续发展情况评价	6.2.1 系统规划知识 6.2.2 信息系统工程知识 6.2.3 软件体系架构评估知识 6.2.4 社会评价方法
	6.3 人工智能咨询培训及运营管理咨询	6.3.1 能进行人工智能技术咨询服务和运营管理培训 6.3.2 能进行计划、组织、实施和控制等运营过程管理 6.3.3 能进行运营经济性预测，提出运营计划调整策略	6.3.1 培训方案制订方法 6.3.2 运营过程规划及管理知识 6.3.3 敏感数据分析知识

4. 权重表

4.1 理论知识权重表

4.1.1 人工智能芯片产品实现

项目	专业技术等级	初级（%）	中级（%）	高级（%）
基本要求	职业道德	5	5	5
	基础知识	25	20	15
相关知识要求	人工智能共性技术应用	20	15	10
	人工智能设计开发	30	30	30
	人工智能测试验证	20	20	25
	人工智能咨询服务	—	10	15
合计		100	100	100

4.1.2 人工智能平台产品实现

项目	专业技术等级	初级（%）	中级（%）	高级（%）
基本要求	职业道德	5	5	5
	基础知识	20	10	5
相关知识要求	人工智能共性技术应用	10	10	10
	人工智能需求分析	5	10	20
	人工智能设计开发	15	20	10
	人工智能测试验证	10	15	10
	人工智能产品交付	15	10	15
	人工智能产品运维	20	10	5
	人工智能咨询服务	—	10	20
合计		100	100	100

4.1.3 自然语言及语音处理产品实现

项目		初级(%)	中级(%)	高级(%)
基本要求	职业道德	5	5	5
	基础知识	20	10	5
相关知识要求	人工智能共性技术应用	10	10	10
	人工智能需求分析	5	10	20
	人工智能设计开发	15	20	10
	人工智能测试验证	10	15	10
	人工智能产品交付	15	10	15
	人工智能产品运维	20	10	5
	人工智能咨询服务	—	10	20
合计		100	100	100

4.1.4 计算机视觉产品实现

项目		初级(%)	中级(%)	高级(%)
基本要求	职业道德	5	5	5
	基础知识	20	10	5
相关知识要求	人工智能共性技术应用	10	10	10
	人工智能需求分析	5	10	20
	人工智能设计开发	15	20	10
	人工智能测试验证	10	15	10
	人工智能产品交付	15	10	15
	人工智能产品运维	20	10	5
	人工智能咨询服务	—	10	20
合计		100	100	100

4.1.5 人工智能应用产品集成实现

项目		初级(%)	中级(%)	高级(%)
基本要求	职业道德	5	5	5
	基础知识	20	10	5

续表

项目 \ 专业技术等级		初级（%）	中级（%）	高级（%）
相关知识要求	人工智能共性技术应用	10	10	10
	人工智能需求分析	10	15	25
	人工智能设计开发	15	20	10
	人工智能产品交付	20	15	20
	人工智能产品运维	20	10	5
	人工智能咨询服务	—	15	20
合计		100	100	100

4.2 专业能力要求权重表

4.2.1 人工智能芯片产品实现

项目 \ 专业技术等级		初级（%）	中级（%）	高级（%）
专业能力要求	人工智能共性技术应用	30	20	20
	人工智能设计开发	40	40	30
	人工智能测试验证	30	25	25
	人工智能咨询服务	—	15	25
合计		100	100	100

4.2.2 人工智能平台产品实现

项目 \ 专业技术等级		初级（%）	中级（%）	高级（%）
专业能力要求	人工智能共性技术应用	15	15	15
	人工智能需求分析	5	10	20
	人工智能设计开发	20	25	10
	人工智能测试验证	15	15	10
	人工智能产品交付	20	10	15
	人工智能产品运维	25	10	5
	人工智能咨询服务	—	15	25
合计		100	100	100

4.2.3 自然语言及语音处理产品实现

项目	专业技术等级	初级（%）	中级（%）	高级（%）
专业能力要求	人工智能共性技术应用	15	15	15
	人工智能需求分析	5	10	20
	人工智能设计开发	20	25	10
	人工智能测试验证	15	15	10
	人工智能产品交付	20	10	15
	人工智能产品运维	25	10	5
	人工智能咨询服务	—	15	25
合计		100	100	100

4.2.4 计算机视觉产品实现

项目	专业技术等级	初级（%）	中级（%）	高级（%）
专业能力要求	人工智能共性技术应用	15	15	15
	人工智能需求分析	5	10	20
	人工智能设计开发	20	25	10
	人工智能测试验证	15	15	10
	人工智能产品交付	20	10	15
	人工智能产品运维	25	10	5
	人工智能咨询服务	—	15	25
合计		100	100	100

4.2.5 人工智能应用产品集成实现

项目	专业技术等级	初级（%）	中级（%）	高级（%）
专业能力要求	人工智能共性技术应用	15	15	15
	人工智能需求分析	10	15	20
	人工智能设计开发	20	25	10
	人工智能产品交付	30	20	25
	人工智能产品运维	25	10	5
	人工智能咨询服务	—	15	25
合计		100	100	100

5. 附录

5.1 职业方向定义

5.1.1 人工智能芯片产品实现

负责面向人工智能芯片的应用场景，基于需求的芯片模型构建及验证，人工智能芯片的硬件电路实现，相应人工智能芯片产品设计及交付。

5.1.2 人工智能平台产品实现

通过应用程序编程接口、软件开发工具包等方式自动管理全周期人工智能闭环，为上游开发者提供高性能人工智能应用的赋能平台。

5.1.3 自然语言及语音处理产品实现

负责面向人工智能的语音识别、语音合成和自然语言处理应用场景的需求分析，模型构建及验证，相应人工智能产品设计、交付及运维。

5.1.4 计算机视觉产品实现

负责面向计算机视觉应用场景的需求分析，模型构建及验证，实现相应的计算机视觉产品设计、交付及运维。

5.1.5 人工智能应用产品集成实现

负责面向人工智能应用场景，将人工智能应用中的平台、软件、硬件、算法等形成集成应用系统，解决用户总体人工智能需求。

5.2 中英文术语对照表

序号	英文	中文
1	AUC（area under curve）	曲线下面积
2	ROC（receiver operating characteristic curve）	接受者操作特性曲线
3	Verilog HDL（verilog hardware description language）	硬件描述语言
4	VHDL（very-high-speed integrated circuit hardware description language）	超高速集成电路硬件描述语言
5	System Verilog	硬件描述和验证语言
6	CDC（clock domain crossing）	跨时钟域
7	INT8，Integer	有符号8位整数
8	FP16（half-precision floating-point format）	半精度浮点数

续表

序号	英文	中文
9	FP32（single-precision floating-point format）	单精度浮点数
10	TF32（tensor float 32）	张量单精度浮点数
11	BF16（brain floating point）	16 位脑浮点
12	FPGA（field programmable gate array）	现场可编程逻辑门阵列
13	ASIC（application specific integrated circuit）	专用集成电路
14	UPF（unified power format）	统一电源格式
15	NLP（native low power）	原生低功率
16	Emulator	仿真器
17	GPU（graphics processing unit）	图形处理器
18	TPU（tensor processing unit）	张量处理器
19	XPU（X processing unit）	各类加速处理器的统称
20	TOPS（tera operations per second）	每秒万亿次运算
21	PPA（performance power area）	性能、功耗、面积
22	Driver	驱动
23	API（application programming interface）	应用程序编程接口
24	IDE（integrated development environment）	集成开发环境
25	PCIe（peripheral component interconnect express）	高速串行计算机扩展总线标准
26	DDR（double data rate）	双倍数据速率
27	GDDR（graphics double data rate）	图形用双倍数据传输率存储器
28	HBM（high bandwidth memory）	高带宽存储器
29	NoC（network-on-chip）	片上网络

物联网工程技术人员国家职业技术技能标准

（2021 年版）

1. 职业概况

1.1 职业名称

物联网工程技术人员

1.2 职业编码

2-02-10-10

1.3 职业定义

从事物联网架构、平台、芯片、传感器、智能标签等技术的研究和开发，以及物联网工程的设计、测试、维护、管理和服务的工程技术人员。

1.4 专业技术等级

本职业共设三个等级，分别为初级、中级、高级。

初级、中级分为三个职业方向：物联网嵌入式开发方向、物联网应用开发方向、物联网系统集成与管理方向。

高级不分职业方向。

1.5 职业环境条件

室内，常温。

1.6 职业能力特征

具有较强的学习能力、计算能力、表达能力及分析、推理和判断能力。

1.7 普通受教育程度

大学专科学历（或高等职业学校毕业）。

1.8 培训要求

1.8.1 培训时间

物联网工程技术人员需按照本《标准》的职业要求参加有关课程培训，完成规定学时，取得学时证明。初级 128 标准学时，中级 128 标准学时，高级 160 标准学时。

1.8.2 培训教师

承担初级、中级理论知识或专业能力培训任务的人员，应具有相关职业中级及以上专业技术等级或相关专业中级及以上职称。

承担高级理论知识或专业能力培训任务的人员，应具有相关职业高级专业技术等级或相关专业高级职称。

1.8.3 培训场所设备

理论知识培训在标准教室或线上平台进行；专业能力培训在具有相应软、硬件条件的培训场所进行。

1.9 专业技术考核要求

1.9.1 申报条件

——取得初级培训学时证明，并具备以下条件之一者，可申报初级专业技术等级：

（1）取得技术员职称。

（2）具备相关专业大学本科及以上学历（含在读的应届毕业生）。

（3）具备相关专业大学专科学历，从事本职业技术工作满 1 年。

（4）技工院校毕业生按国家有关规定申报。

——取得中级培训学时证明，并具备以下条件之一者，可申报中级专业技术等级：

（1）取得助理工程师职称后，从事本职业技术工作满 2 年。

（2）具备大学本科学历或学士学位或大学专科学历，取得初级专业技术等级后，从事本职业技术工作满 3 年。

（3）具备硕士学位或第二学士学位，取得初级专业技术等级后，从事本职业技术工作满 1 年。

（4）具备相关专业博士学位。

（5）技工院校毕业生按国家有关规定申报。

——取得高级培训学时证明，并具备以下条件之一者，可申报高级专业技术等级：

（1）取得工程师职称后，从事本职业技术工作满 3 年。

（2）具备硕士学位或第二学士学位或大学本科学历或学士学位，取得中级专业技术等级后，从事本职业技术工作满 4 年。

（3）具备博士学位，取得中级专业技术等级后，从事本职业技术工作满 1 年。

（4）技工院校毕业生按国家有关规定申报。

1.9.2 考核方式

分为理论知识考试以及专业能力考核。理论知识考试、专业能力考核均实行百分制，成绩皆达 60 分（含）以上者为合格，考核合格者获得相应专业技术等级证书。

理论知识考试以闭卷笔试、机考等方式为主，主要考核从业人员从事本职业应掌握的基本要求和相关知识要求；专业能力考核以开卷实操考试、上机实践等方式为主，主要考核从业人员从事本职业应具备的技术水平。

1.9.3 监考人员、考评人员与考生配比

理论知识考试中的监考人员与考生配比不低于 1∶15，且每个考场不少于 2 名监考人员；专业能力考核中的考评人员与考生配比不低于 1∶5，且考评人员为 3 人（含）以上单数。

1.9.4 考核时间

理论知识考试时间不少于 90 分钟；专业能力考核时间不少于 150 分钟。

1.9.5 考核场所设备

理论知识考试在标准教室进行；专业能力考核在具有相应软、硬件条件的考核场所进行。

2. 基本要求

2.1 职业道德

2.1.1 职业道德基本知识

2.1.2 职业守则

（1）遵纪守法，爱岗敬业。
（2）精益求精，勇于创新。
（3）爱护设备，安全操作。
（4）遵守规程，执行工艺。
（5）认真严谨，忠于职守。

2.2 基础知识

2.2.1 基础理论知识

（1）计算机组成知识。
（2）操作系统知识。
（3）数据结构与算法知识。
（4）计算机网络知识。
（5）通信知识。
（6）大数据知识。
（7）云计算知识。
（8）人工智能知识。
（9）软件工程知识。
（10）信息安全知识。

2.2.2 技术基础知识

（1）射频识别知识。
（2）编码标识知识。
（3）单片机、嵌入式开发知识。
（4）位置、时间及状态服务技术知识。
（5）传感器知识。
（6）智能物软硬件系统知识。
（7）物联网技术及体系结构知识。
（8）物联网协议和标准知识。
（9）传感网知识。
（10）组网技术知识。
（11）边缘计算技术知识。
（12）物联网平台开发知识。
（13）物联网工程实施与运维知识。
（14）物联网移动应用开发知识。
（15）分布式数据存储知识。
（16）数据挖掘与建模技术知识。
（17）机器学习技术知识。

2.2.3 物联网安全知识

（1）物联网感知设备及数据的安全管理知识。
（2）物联网网络通信的嗅探及信息篡改的安全管理知识。
（3）物联网系统的入侵、数据窃取和篡改等安全管理知识。
（4）物联网应用的业务中断、非法软件威胁等安全管理知识。

2.2.4 相关法律、法规知识

（1）《中华人民共和国劳动法》相关知识。
（2）《中华人民共和国安全生产法》相关知识。
（3）《中华人民共和国网络安全法》相关知识。
（4）《中华人民共和国个人信息保护法》相关知识。
（5）《全国人民代表大会常务委员会关于加强网络信息保护的决定》相关知识。
（6）《关键信息基础设施安全保护条例》相关知识。
（7）《网络安全等级保护条例》相关知识。

2.2.5 其他相关知识

（1）环境保护知识。
（2）文明生产知识。
（3）劳动保护知识。

（4）资料保管保密知识。

3. 工作要求

本标准对初级、中级、高级的专业能力要求和相关知识要求依次递进，高级别的工作要求涵盖低级别的工作要求。

3.1 初级

物联网嵌入式开发方向的职业功能包括感知控制开发、物联网应用协议开发、物联网组网通信开发；物联网应用开发方向的职业功能包括物联网平台应用开发、物联网边缘计算系统应用开发、物联网移动应用开发；物联网系统集成与管理方向的职业功能包括物联网设备安装与调试、物联网系统部署、物联网系统运行与维护、物联网技术咨询与服务。

3.1.1 物联网嵌入式开发方向

职业功能	工作内容	专业能力要求	相关知识要求
1. 感知控制开发	1.1 传感器数据采集	1.1.1 能完成模拟量传感器数据采集 1.1.2 能完成数字量传感器数据采集 1.1.3 能完成开关量传感器数据采集 1.1.4 能基于 M2M① 完成 IoT 智能物（传感器）之间的信息自主交互	1.1.1 数据采集知识 1.1.2 智能物（传感器）知识
	1.2 标签识别信息采集	1.2.1 能运用条码或二维码识别技术，实现相关信息的识读 1.2.2 能运用无线射频识别技术，实现射频卡信息的识读	1.2.1 图像采集技术知识 1.2.2 条码识别技术知识 1.2.3 无线射频技术知识
	1.3 位置信息采集	1.3.1 能运用卫星定位技术，实现位置、时间、状态信息的采集 1.3.2 能运用基站定位技术，实现基站信号覆盖区域内位置、时间、状态信息的采集 1.3.3 能运用室内定位技术，实现室内位置信息的采集	1.3.1 卫星定位知识 1.3.2 基站定位知识 1.3.3 室内定位知识

① 本《标准》涉及术语详见附录。

续表

职业功能	工作内容	专业能力要求	相关知识要求
1. 感知控制开发	1.4 单片机开发	1.4.1 能根据物联网应用场景需求，比较、选择单片机型号 1.4.2 能运用单片机输入输出接口标准，进行标准输入输出设备的应用开发 1.4.3 能运用单片机总线技术，进行总线数据收发 1.4.4 能运用单片机技术，进行智能物设备的应用开发	1.4.1 单片机总线原理 1.4.2 单片机外设原理
2. 物联网应用协议开发	2.1 自定义通信协议开发	2.1.1 能定义基本的读、写、控制等简单指令 2.1.2 能实现读、写、控制等指令的封装与解析	数据校验和纠错知识
	2.2 物联网轻量级协议开发	2.2.1 能运用轻量级协议（如 MQTT、CoAP 等），进行数据封装与解析 2.2.2 能运用轻量级协议（如 MQTT、CoAP 等），实现数据通信	2.2.1 MQTT、CoAP 等协议知识 2.2.2 QoS 质量服务知识 2.2.3 M2M 技术知识
3. 物联网组网通信开发	3.1 有线通信开发	3.1.1 能运用有线通信协议，进行数据封装与解析 3.1.2 能运用总线技术，完成主从通信开发 3.1.3 能完成数据抓包、分析与故障排除	3.1.1 有线通信协议知识 3.1.2 总线技术知识
	3.2 无线通信开发	3.2.1 能运用无线通信协议，进行数据封装与解析 3.2.2 能运用无线通信协议，完成点对点等通信开发 3.2.3 能通过空间接口抓包、嗅探，完成数据分析与故障排除	3.2.1 无线通信协议知识 3.2.2 抓包、嗅探技术知识

续表

职业功能	工作内容	专业能力要求	相关知识要求
3. 物联网组网通信开发	3.3 新一代通信技术应用开发	3.3.1 能运用广连接、低时延的技术（如 5G、Wi-Fi6 等），实现物联网设备的高速可靠通信 3.3.2 能运用广连接、低时延的技术（如 5G、Wi-Fi6 等），实现高密度无线设备接入和高容量无线业务开发	3.3.1 广连接、低时延的技术知识 3.3.2 5G、Wi-Fi6 等技术知识

3.1.2 物联网应用开发方向

职业功能	工作内容	专业能力要求	相关知识要求
1. 物联网平台应用开发	1.1 物联网平台部署	1.1.1 能应用容器技术，进行微服务主机部署 1.1.2 能根据部署文档，进行物联网平台的数据库部署与配置	1.1.1 容器知识 1.1.2 微服务架构知识 1.1.3 关系型、非关系型数据库知识
	1.2 物联网平台应用对接开发	1.2.1 能根据物联网数据的特性，采用时序数据库进行数据持久化开发 1.2.2 能根据第三方可视化平台的接口文档，与数据可视化平台进行对接开发 1.2.3 能根据第三方大数据平台的接口文档，与大数据平台进行数据汇聚与分析开发	1.2.1 时序数据库知识 1.2.2 数据可视化平台使用方法 1.2.3 大数据平台接口知识
	1.3 规则链应用设计	1.3.1 能使用规则节点，对接入的传感数据进行处理 1.3.2 能根据规则链设计文档，实现规则链中的数据转发	1.3.1 传感数据结构知识 1.3.2 规则链设计知识
	1.4 可视化应用开发	1.4.1 能根据业务需求，实现可视化开发 1.4.2 能根据设定的可视化监视要求和规则，实现告警触发及消除	可视化应用开发知识

续表

职业功能	工作内容	专业能力要求	相关知识要求
2. 物联网边缘计算系统应用开发	2.1 物联网边缘计算系统部署	2.1.1 能根据部署文档，进行物联网边缘计算系统的单机部署 2.1.2 能根据部署文档，进行物联网边缘计算系统的数据库部署与配置	边缘服务器部署知识
	2.2 物联网设备接入开发	2.2.1 能运用有线通信协议，进行有线设备接入配置与开发 2.2.2 能运用无线通信协议，进行无线设备接入配置与开发	2.2.1 有线通信协议知识 2.2.2 无线通信协议知识
	2.3 第三方平台接入应用	2.3.1 能采用第三方平台提供的标准消息协议接口进行连接 2.3.2 能采用第三方平台提供的自定义接口进行连接	2.3.1 MQTT 接口知识 2.3.2 自定义接口知识
3. 物联网移动应用开发	3.1 开发环境搭建	3.1.1 能搭建移动应用开发环境，实现项目及模块的管理 3.1.2 能使用包管理工具，实现依赖包的下载及管理	3.1.1 移动端软件开发知识 3.1.2 包管理工具使用知识
	3.2 业务开发	3.2.1 能使用常用组件，完成物联网数据展示及设备控制的界面开发 3.2.2 能完成界面控件与物联网设备的绑定 3.2.3 能完成物联网数据流转、状态控制、智能报警提示、在线/离线状态的数据展示开发 3.2.4 能调用第三方语音、地图、支付等接口进行应用开发	3.2.1 组件知识 3.2.2 界面开发知识 3.2.3 接口调用知识

3.1.3 物联网系统集成与管理方向

职业功能	工作内容	专业能力要求	相关知识要求
1. 物联网设备安装与调试	1.1 物联网设备检测	1.1.1 能检查进场设备与配件的完好性 1.1.2 能使用专用测试工具对网络通信设备进行检测 1.1.3 能完成设备固件的版本检查和升级	1.1.1 硬件测试工具使用知识 1.1.2 调试软件使用知识 1.1.3 固件检查与升级知识
	1.2 物联网设备安装	1.2.1 能根据项目实施方案，完成设备的安装 1.2.2 能根据项目实施方案，完成传感网络的搭建 1.2.3 能根据项目实施方案，完成有线、无线、混合网络的搭建 1.2.4 能根据项目实施方案，完成服务器设备的安装与配置	1.2.1 阅读安装图纸知识 1.2.2 硬件设备安装知识 1.2.3 网络搭建知识 1.2.4 服务器安装与配置知识
	1.3 物联网设备调试	1.3.1 能根据项目实施方案，完成传感网络的调试 1.3.2 能根据项目实施方案，完成有线、无线、混合网络的调试 1.3.3 能根据项目实施方案，完成设备的联调	1.3.1 网络调试知识 1.3.2 设备联调知识
2. 物联网系统部署	2.1 系统服务器搭建	2.1.1 能根据系统环境要求，完成服务器操作系统的安装与设置 2.1.2 能根据网络拓扑要求，完成网络地址规划与配置 2.1.3 能根据系统环境要求，完成软件运行环境的安装与配置 2.1.4 能根据系统安全要求，配置系统的网络安全策略	2.1.1 网络地址规划与配置知识 2.1.2 网络安全策略知识 2.1.3 软件安装知识
	2.2 系统数据存储及处理	2.2.1 能安装与配置关系型、非关系型数据库管理软件 2.2.2 能使用 SQL 语句，编写关系型数据库数据控制语句等脚本 2.2.3 能使用 NoSQL 语句，编写非关系型数据库数据控制语句等脚本	2.2.1 关系型数据库应用知识 2.2.2 非关系型数据库应用知识

续表

职业功能	工作内容	专业能力要求	相关知识要求
2. 物联网系统部署	2.3 应用程序安装与配置	2.3.1 能安装与配置应用程序，并解决安装过程中的异常问题 2.3.2 能完成程序启动、网络配置、定位服务等权限的管理	2.3.1 异常处理知识 2.3.2 应用程序启动策略等知识
3. 物联网系统运行与维护	3.1 设备运行监控	3.1.1 能实时、定时收集软硬件系统的运行状态数据，并进行分析 3.1.2 能根据异常及报警信息，及时定位故障 3.1.3 能捕获网络通信设备异常数据并处理	3.1.1 设备运行监控知识 3.1.2 设备运行信息分析知识
	3.2 设备故障维护	3.2.1 能对所需维修备件的编目、采购、保管、使用等进行管理 3.2.2 能收集设备故障数据并定位设备故障点 3.2.3 能根据工作任务书，对设备进行巡检与维护	3.2.1 质量管理体系知识 3.2.2 故障排查知识 3.2.3 产品维护知识
	3.3 系统运行维护	3.3.1 能收集系统故障数据并定位系统故障点 3.3.2 能使用网络通信工具，定时完成服务器通信的故障排查 3.3.3 能根据运维保障的要求，制订备份计划，完成数据与系统程序的备份 3.3.4 能根据工作任务书，对系统软件和功能组件进行升级与维护	3.3.1 系统备份知识 3.3.2 产品升级与维护知识
	3.4 系统安全管理	3.4.1 能根据项目实施方案，使用多鉴别机制实现用户身份真实性鉴别 3.4.2 能根据项目实施方案，完成产品及解决方案的安全性测试 3.4.3 能根据物联网系统运行情况，对安全事件进行响应与取证	3.4.1 身份鉴别知识 3.4.2 安全测试知识

续表

职业功能	工作内容	专业能力要求	相关知识要求
4. 物联网技术咨询与服务	4.1 技术咨询	4.1.1 能根据售后服务方案，为客户提供工程技术及标准规范相关问题的咨询服务 4.1.2 能总结项目服务案例，整理业务知识并编制技术文档	4.1.1 售后服务方案知识 4.1.2 技术文档编写知识
	4.2 技术支持	4.2.1 能进行产品宣讲和解决方案展示 4.2.2 能解决客户技术咨询问题，并提供技术解决方案 4.2.3 能收集整理客户反馈的信息，进行问题跟踪处理	市场推广知识

3.2 中级

物联网嵌入式开发方向的职业功能包括感知控制开发、物联网应用协议开发、物联网组网通信开发；物联网应用开发方向的职业功能包括物联网平台应用开发、物联网边缘计算系统应用开发、物联网移动应用开发；物联网系统集成与管理方向的职业功能包括物联网系统规划与设计、物联网设备安装与调试、物联网系统部署、物联网系统运行与维护、物联网技术咨询与服务。

3.2.1 物联网嵌入式开发方向

职业功能	工作内容	专业能力要求	相关知识要求
1. 感知控制开发	1.1 嵌入式系统开发	1.1.1 能根据物联网业务场景需求，选取合适的嵌入式处理器并搭建开发环境 1.1.2 能运用嵌入式通用接口技术，完成通用输入输出设备的应用开发 1.1.3 能基于嵌入式通用操作系统，进行应用程序开发 1.1.4 能实现嵌入式系统的能耗优化	1.1.1 嵌入式开发工具的使用知识 1.1.2 嵌入式外设的工作原理 1.1.3 通用操作系统的开发知识 1.1.4 低能耗知识

续表

职业功能	工作内容	专业能力要求	相关知识要求
1. 感知控制开发	1.2 嵌入式实时操作系统应用开发	1.2.1 能根据物联网业务特性，选取合适的嵌入式实时操作系统，并搭建开发环境 1.2.2 能基于嵌入式实时操作系统，完成网络通信应用开发 1.2.3 能基于嵌入式实时操作系统，完成多任务程序开发	嵌入式实时操作系统知识
	1.3 音视频信息采集开发	1.3.1 能根据物联网应用场景，采集语音、图像、视频等非结构化数据 1.3.2 能根据业务需求，对语音、图像、视频等非结构化数据进行处理	1.3.1 语音处理知识 1.3.2 图像处理知识 1.3.3 视频处理知识
	1.4 智能化设备接口开发	1.4.1 能完成数据处理和协议转换的接口开发 1.4.2 能完成与智能或数字设备的通信接口开发	1.4.1 协议转换知识 1.4.2 通信接口知识
2. 物联网应用协议开发	2.1 自定义通信协议开发	2.1.1 能根据业务场景需求，定义指令协议 2.1.2 能基于定义的指令协议，进行数据采集与控制 2.1.3 能实现多个自定义协议的通信	自定义通信协议知识
	2.2 物联网轻量级协议开发	2.2.1 能运用轻量级协议（如 MQTT、CoAP 等），实现应用流程的故障排查与调优 2.2.2 能运用加解密技术，使用普通鉴权或加密算法鉴权，实现认证连接 2.2.3 能运用安全套接字协议和安全传输层协议，完成报文的加密与安全传输，实现设备安全接入	2.2.1 加解密知识 2.2.2 鉴权知识 2.2.3 SSL 知识 2.2.4 TLS 知识
	2.3 物联网协议安全开发	2.3.1 能根据物联网业务特性，进行物联网协议安全策略的设计 2.3.2 能运用常用加密算法，实现协议数据的加密封装和解析	2.3.1 数据安全技术知识 2.3.2 密码学技术基础知识

续表

职业功能	工作内容	专业能力要求	相关知识要求
3. 物联网组网通信开发	3.1 有线通信开发	3.1.1 能运用应用层协议，实现数据包优先级处理 3.1.2 能运用传输层协议，实现数据包的过滤 3.1.3 能运用物理层协议，实现多种网络拓扑的组网通信	3.1.1 数据包过滤原理 3.1.2 有线网络组网知识
	3.2 无线通信开发	3.2.1 能运用网络层协议，实现数据包的路由转发 3.2.2 能运用数据链路层协议，实现节点的单播、组播、广播通信 3.2.3 能运用物理层协议，实现无线网络的结构优化	3.2.1 数据包路由原理 3.2.2 无线网络组网知识 3.2.3 网络优化知识
	3.3 新一代通信技术应用开发	3.3.1 能运用网络优化技术，实现广连接、低时延通信网络（如 5G、Wi-Fi6 等）的结构优化 3.3.2 能应用故障分析工具，实现广连接、低时延通信网络（如 5G、Wi-Fi6 等）的故障分析与排除	3.3.1 网络通信技术知识 3.3.2 网络性能分析知识

3.2.2 物联网应用开发方向

职业功能	工作内容	专业能力要求	相关知识要求
1. 物联网平台应用开发	1.1 物联网平台部署	1.1.1 能根据多服务实例技术，进行微服务部署 1.1.2 能根据容器编排技术，进行微服务集群部署	1.1.1 微服务架构知识 1.1.2 容器编排知识
	1.2 物联网平台应用对接开发	1.2.1 能根据业务需求，与第三方应用系统进行对接开发 1.2.2 能规划、设计物联网平台的数据业务，与大数据平台进行对接开发	1.2.1 物联网应用平台对接方法 1.2.2 大数据平台对接知识

续表

职业功能	工作内容	专业能力要求	相关知识要求
1. 物联网平台应用开发	1.3 规则链应用设计	1.3.1 能根据业务需求，接收传入消息并设计消息路由处理不同的规则链 1.3.2 能过滤和转换传入消息，执行操作或与外部系统进行通信 1.3.3 能根据业务需求，自定义规则节点	1.3.1 规则链开发知识 1.3.2 流式编程知识
	1.4 可视化应用开发	1.4.1 能根据业务需求，进行各类场景下的物联网项目的可视化多层级设计 1.4.2 能根据业务需求，实现自定义的可视化组件开发	自定义组件开发方法
2. 物联网边缘计算系统应用开发	2.1 物联网边缘计算系统部署	2.1.1 能根据部署文档，进行物联网边缘计算系统的分布式部署 2.1.2 能根据部署文档，进行物联网边缘计算系统的分布式数据库部署与配置	2.1.1 分布式系统知识 2.1.2 集群服务器知识 2.1.3 数据库安装与配置方法
	2.2 物联网设备接入开发	2.2.1 能运用有线通信协议，进行有线设备接入开发与优化 2.2.2 能运用无线通信协议，进行无线设备接入开发与优化	2.2.1 有线通信接入技术知识 2.2.2 无线通信接入技术知识
	2.3 第三方平台接入开发	2.3.1 能应用第三方平台提供的协议，进行连接和协议转换 2.3.2 能应用第三方平台提供自定义通信协议，进行连接和协议转换	2.3.1 协议转换知识 2.3.2 JSON 格式知识
	2.4 智能服务模块开发	2.4.1 能结合智能场景对应的算法模型，开发预测性维护模块及智能识别模块 2.4.2 能使用规则模块，对传感数据进行分析和联动控制执行设备 2.4.3 能使用调度模块，进行计划动作的设定	2.4.1 模型训练及推理方法 2.4.2 规则模块知识 2.4.3 调度模块知识

续表

职业功能	工作内容	专业能力要求	相关知识要求
3. 物联网移动应用开发	3.1 开发环境搭建	3.1.1 能选择合适的框架，完成项目框架的搭建 3.1.2 能使用源代码版本管理工具，完成工程代码的管理	3.1.1 MVP、MVVM 等模式知识 3.1.2 GIT/SVN 等版本管理工具
	3.2 业务开发	3.2.1 能实现物联网移动应用页面的交互 3.2.2 能实现物联网云平台与移动应用程序的数据交互 3.2.3 能完成物联网数据的可视化开发 3.2.4 能完成多个物联网场景的联动控制	3.2.1 SDK 知识 3.2.2 可视化开发知识
	3.3 数据通信安全开发	3.3.1 能运用密码技术，设置数据加密存储机制 3.3.2 能使用证书和配置手册，进行安全通信开发	3.3.1 HTTPS 原理 3.3.2 TLS 协议知识

3.2.3 物联网系统集成与管理方向

职业功能	工作内容	专业能力要求	相关知识要求
1. 物联网系统规划与设计	1.1 网络环境方案设计	1.1.1 能根据系统功能，完成网络拓扑结构的规划与设计 1.1.2 能组织现场勘查，完成勘查报告的编写 1.1.3 能组织图纸会审，检查并优化设计 1.1.4 能根据项目实施方案，编写网络环境部署文档	1.1.1 网络拓扑结构的规划与设计知识 1.1.2 现场勘查知识 1.1.3 图纸会审知识
	1.2 现场实施方案设计	1.2.1 能根据项目需求，制订项目的范围、成本、风险、质量等实施计划 1.2.2 能根据项目进度计划表，完成里程碑目标计划的制订	1.2.1 项目管理知识 1.2.2 安全防范工程技术规范知识

续表

职业功能	工作内容	专业能力要求	相关知识要求
1. 物联网系统规划与设计	1.2 现场实施方案设计	1.2.3 能根据安全防范工程技术规范，制订安全施工方案 1.2.4 能根据项目实施进度，完成项目进度计划调整与优化	
	1.3 售后服务方案设计	1.3.1 能根据质量管理体系和售后服务体系标准，制订项目售后服务方案 1.3.2 能根据售后服务目标，制订系统设备的使用规范 1.3.3 能根据售后服务目标，制订系统特殊状况的应急预案	1.3.1 信息技术文档编写规范知识 1.3.2 售后服务规范知识
2. 物联网设备安装与调试	2.1 物联网设备检测	2.1.1 能对服务器进行测试，评估服务器计算性能 2.1.2 能使用测试软件，组合多个感知、控制设备，完成模块化的检测 2.1.3 能使用网络测试工具对网络设备进行测试	2.1.1 服务器性能测试知识 2.1.2 测试软件使用知识 2.1.3 网络测试工具使用知识
	2.2 物联网设备安装	2.2.1 能将实施方案与现场情况进行差异对比，完成设备组网与安装的优化 2.2.2 能使用配置命令，完成网络设备的安装与配置 2.2.3 能根据系统实施方案，完成复杂电源及信号线路的调整与连接	2.2.1 设备组网与安装知识 2.2.2 电源及信号知识
	2.3 物联网设备调试	2.3.1 能根据物联网网关与平台的使用手册，实现网关与平台的连接及调试 2.3.2 能实现网络联调与方案优化 2.3.3 能实现设备联调与方案优化	2.3.1 物联网网关与物联网平台的知识 2.3.2 联调及优化知识

续表

职业功能	工作内容	专业能力要求	相关知识要求
3. 物联网系统部署	3.1 系统服务器搭建	3.1.1 能根据项目需求，选择合适的磁盘阵列方案并完成配置 3.1.2 能根据业务和扩展性需求，搭建和配置物联网平台、边缘计算等物联网服务 3.1.3 能根据集群部署特点，完成服务器反向代理、负载均衡等集群配置 3.1.4 能根据网络特性与控制规则，完成物联网平台输出控制数据和南北向数据通道的配置	3.1.1 磁盘阵列知识 3.1.2 物联网平台搭建知识 3.1.3 边缘计算服务搭建知识 3.1.4 服务器集群部署知识 3.1.5 服务器反向代理知识 3.1.6 服务器负载均衡知识 3.1.7 MQTT、DDS、CoAP 等通信协议知识
	3.2 系统数据存储及处理	3.2.1 能根据数据库备份要求编写脚本，完成数据库的备份和还原 3.2.2 能根据数据库管理要求，完成关系型数据库实例、用户、权限、存储空间等的管理 3.2.3 能完成数据库索引、内存、表空间等的维护与管理	3.2.1 数据库操作知识 3.2.2 数据库脚本编写知识
	3.3 应用程序安装与配置	3.3.1 能响应业务的需求，还原和修改配置文件 3.3.2 能使用系统工具、命令、脚本，配置应用程序启动策略	3.3.1 配置文件知识 3.3.2 启动策略知识
4. 物联网系统运行与维护	4.1 设备运行监控	4.1.1 能根据异常信息分析出根本原因，制订预防策略 4.1.2 能使用建模技术，分析异常可能产生的风险 4.1.3 能根据运维管理的需求，编写设备运行监控脚本	4.1.1 风险分析方法 4.1.2 建模技术知识 4.1.3 运行监控脚本编写知识
	4.2 设备故障维护	4.2.1 能根据设备故障信息，分析根本原因并制订优化方案 4.2.2 能根据售后服务方案，返厂或维修故障设备 4.2.3 能根据设备故障信息，分析潜在风险、消除故障隐患	风险应对知识

续表

职业功能	工作内容	专业能力要求	相关知识要求
4. 物联网系统运行与维护	4.3 系统运行维护	4.3.1 能根据系统运行情况，进行信息安全、隐私保护和服务器系统安全等管理 4.3.2 能根据系统故障信息，分析根本原因并制订优化方案 4.3.3 能根据运维保障的要求，定期进行系统巡检，并修复各种问题和数据错误	4.3.1 信息安全管理知识 4.3.2 隐私保护管理知识 4.3.3 服务器系统安全管理知识 4.3.4 维护手册编写知识
	4.4 系统安全管理	4.4.1 能根据物联网安全要求，实现安全事件的分析、评审等全流程控制 4.4.2 能根据安全事件，调整与优化访问控制等安全策略 4.4.3 能根据身份鉴别、自主访问控制等安全机制进行安全审计	4.4.1 安全事件分析知识 4.4.2 访问控制知识 4.4.3 安全审计知识
5. 物联网技术咨询与服务	5.1 技术咨询	5.1.1 能与业务部门合作，挖掘客户需求，主导项目交付 5.1.2 能根据客户需求，提供远程产品线相关的技术咨询	5.1.1 项目交付知识 5.1.2 技术支持知识
	5.2 培训指导	5.2.1 能根据培训方案，制作培训资源 5.2.2 能根据培训方案，进行技术培训	5.2.1 资源制作知识 5.2.2 培训知识
	5.3 解决方案咨询服务	5.3.1 能完成招投标技术文件的撰写、技术应答、软硬件配置及报价、应标 5.3.2 能根据市场需求，设计并编写项目或服务的通用解决方案 5.3.3 能与客户进行技术交流，完成定制化解决方案的编写及宣讲	5.3.1 招投标知识 5.3.2 解决方案知识

3.3 高级

职业功能	工作内容	专业能力要求	相关知识要求
1. 物联网系统规划与设计	1.1 系统调研	1.1.1 能分析物联网系统的国家政策、技术标准 1.1.2 能调研物联网行业标杆产品，进行竞品分析 1.1.3 能根据调研结果，编写需求分析说明书	1.1.1 竞品分析知识 1.1.2 需求分析说明书编写规范
	1.2 系统概要设计	1.2.1 能完成物联网系统的总体架构设计 1.2.2 能完成物联网系统的接口设计 1.2.3 能完成物联网系统的数据和数据库设计 1.2.4 能完成物联网系统的开发和运行环境的设计	系统概要设计知识
	1.3 系统方案设计	1.3.1 能完成物联网系统总体网络方案设计 1.3.2 能完成物联网项目实施方案设计 1.3.3 能完成物联网项目售后服务方案设计	1.3.1 总体网络规划知识 1.3.2 项目实施方案知识 1.3.3 项目售后服务知识
	1.4 系统安全设计	1.4.1 能完成物联网系统数据存储和传输的安全策略设计 1.4.2 能完成系统安全访问控制策略的规划与设计 1.4.3 能制订防伪策略和应对攻击策略 1.4.4 能制订系统安全测试方案和实施规则	1.4.1 安全策略知识 1.4.2 访问控制知识

续表

职业功能	工作内容	专业能力要求	相关知识要求
2. 感知控制开发	2.1 嵌入式系统开发	2.1.1 能进行操作系统启动程序编写 2.1.2 能进行嵌入式操作系统内核裁剪、移植、调试 2.1.3 能进行嵌入式设备驱动程序编写 2.1.4 能进行嵌入式文件系统构建	2.1.1 启动程序知识 2.1.2 操作系统内核知识 2.1.3 嵌入式设备驱动知识 2.1.4 嵌入式文件系统知识
	2.2 信息安全开发	2.2.1 能进行物联网通信的安全风险分析 2.2.2 能实现硬件芯片层面的启动安全 2.2.3 能实现操作系统层面的运行安全和访问控制	2.2.1 身份认证技术知识 2.2.2 数字证书技术知识 2.2.3 防火墙技术知识 2.2.4 可信执行环境知识
3. 物联网平台应用开发	3.1 物联网平台应用开发	3.1.1 能根据业务需求，规划设计与第三方应用系统对接的物联网解决方案 3.1.2 能依据行业特征及业务需求，设计能处理海量设备的服务器节点 3.1.3 能实现物联网项目的快速开发、管理和扩展	3.1.1 第三方平台对接知识 3.1.2 物联网平台架构知识
	3.2 规则引擎设计开发	3.2.1 能开发基于事件的工作流框架，完成复杂事件的处理 3.2.2 能设计多种策略，进行控制顺序或消息处理	3.2.1 工作流知识 3.2.2 规则引擎知识

续表

职业功能	工作内容	专业能力要求	相关知识要求
4. 物联网边缘计算系统应用开发	4.1 物联网设备接入开发	4.1.1 能根据大规模商业化业务需求，设计协议驱动 4.1.2 能通过边缘计算系统 API 配置，实现有线或无线等各种设备即插即用 4.1.3 能根据第三方平台提供的接入方式，规划设计物联网中间件及协议接入开发	4.1.1 有线和无线通信协议知识 4.1.2 中间件知识
	4.2 智能服务模块开发	4.2.1 能进行分布式的边缘计算应用开发 4.2.2 能使用 AI 技术进行智能识别模块、智能分析预警开发	分布式应用知识
5. 物联网技术咨询与服务	5.1 技术咨询与解决方案设计	5.1.1 能提供项目决策咨询业务 5.1.2 能提供项目可行性研究，支持项目论证 5.1.3 能提供物联网行业整体解决方案的设计与咨询服务	5.1.1 项目决策知识 5.1.2 项目可行性研究知识
	5.2 培训指导	5.2.1 能根据客户需求，制订培训计划 5.2.2 能根据市场需求，编写培训教材 5.2.3 能完成内部培训讲师体系建设，给予内部培训队伍咨询与指导	5.2.1 培训计划编写知识 5.2.2 培训教材知识 5.2.3 团队建设知识

4. 权重表

4.1 理论知识权重表

项目	专业技术等级	初级（%）			中级（%）			高级（%）
		物联网嵌入式开发	物联网应用开发	物联网系统集成与管理	物联网嵌入式开发	物联网应用开发	物联网系统集成与管理	
基本要求	职业道德	5	5	5	5	5	5	5
	基础知识	20	20	20	15	15	15	10
相关知识要求	物联网系统规划与设计	—	—	—	—	—	10	30
	感知控制开发	30	—	—	35	—	—	15
	物联网应用协议开发	20	—	—	15	—	—	—
	物联网组网通信开发	25	—	—	30	—	—	—
	物联网平台应用开发	—	20	—	—	25	—	15
	物联网边缘计算系统应用开发	—	30	—	—	30	—	15
	物联网移动应用开发	—	25	—	—	25	—	—
	物联网设备安装与调试	—	—	25	—	—	10	—
	物联网系统部署	—	—	20	—	—	20	—
	物联网系统运行与维护	—	—	20	—	—	20	—
	物联网技术咨询与服务	—	—	10	—	—	20	10
合计		100	100	100	100	100	100	100

4.2 专业能力要求权重表

项目		初级（%）			中级（%）			高级（%）
	专业技术等级	物联网嵌入式开发	物联网应用开发	物联网系统集成与管理	物联网嵌入式开发	物联网应用开发	物联网系统集成与管理	
专业能力要求	物联网系统规划与设计	—	—	—	—	—	10	30
	感知控制开发	45	—	—	40	—	—	20
	物联网应用协议开发	20	—	—	20	—	—	—
	物联网组网通信开发	35	—	—	40	—	—	—
	物联网平台应用开发	—	30	—	—	35	—	20
	物联网边缘计算系统应用开发	—	40	—	—	35	—	20
	物联网移动应用开发	—	30	—	—	30	—	—
	物联网设备安装与调试	—	—	35	—	—	10	—
	物联网系统部署	—	—	30	—	—	30	—
	物联网系统运行与维护	—	—	20	—	—	30	—
	物联网技术咨询与服务	—	—	15	—	—	20	10
合计		100	100	100	100	100	100	100

5. 附录

中英文术语对照表

序号	英文	中文
1	M2M（machine to machine）	机器和机器之间的一种智能化、交互式的通信
2	IoT（internet of things）	物联网
3	MQTT（message queuing telemetry transport）	消息队列遥测传输
4	CoAP（constrained application protocol）	基于 REST 模型的网络传输协议
5	SSL（secure sockets layer）	安全套接字协议
6	TLS（transport layer security）	安全传输层协议
7	HTTPS（hyper text transfer protocol over securesocket layer）	超文本传输安全协议
8	QoS（quality of service）	服务质量（网络）

续表

序号	英文	中文
9	5G（5th generation mobile communication technology）	第五代移动通信技术
10	Wi-Fi6	第六代无线网络技术
11	SQL（structured query language）	结构化查询语言
12	NoSQL（not only SQL）	非关系型的数据库
13	DDS（data distribution service for real-time systems）	面向实时系统的数据分布服务
14	AI（artificial intelligence）	人工智能
15	MVP（model-view-presenter）	模型—视图—逻辑处理模式
16	MVVM（model-view-view model）	模型—视图—视图模型模式
17	GIT	分布式版本控制系统
18	SVN（subversion）	开放源代码的版本控制系统

云计算工程技术人员国家职业技术技能标准

（2021 年版）

1. 职业概况

1.1 职业名称

云计算工程技术人员

1.2 职业编码

2-02-10-12

1.3 职业定义

从事云计算技术研究，云系统构建、部署、运维，云资源管理、应用和服务的工程技术人员。

1.4 专业技术等级

本职业共设三个等级，分别为初级、中级、高级。

初级、中级均设两个职业方向：云计算运维、云计算开发。

高级不分职业方向。

1.5 职业环境条件

室内，常温。

1.6 职业能力特征

具有较强的学习能力、计算能力、表达能力及分析、推理和判断能力。

1.7 普通受教育程度

大学专科学历（或高等职业学校毕业）。

1.8 职业培训要求

1.8.1 培训期限

云计算工程技术人员需按照本《标准》的职业要求参加有关课程培训。完成规定学时，取得学时证明。初级 128 标准学时，中级 160 标准学时，高级 192 标准学时。

1.8.2 培训教师

承担初级、中级理论知识或专业能力培训任务的人员，应具有相关职业中级及以上专业技术等级或相关专业中级及以上职称。

承担高级理论知识或专业能力培训任务的人员，应具有相关职业高级专业技术等级或相关专业高级职称。

1.8.3 培训场所设备

理论知识培训在标准教室或线上平台进行；专业能力培训在具有相应软、硬件条件的培训场所进行。

1.9 专业技术考核要求

1.9.1 申报条件

——取得初级培训学时证明，并具备以下条件之一者，可申报初级专业技术等级：

（1）取得技术员职称。

（2）具备相关专业大学本科及以上学历（含在读的应届毕业生）。

（3）具备相关专业大学专科学历，从事本职业技术工作满 1 年。

（4）技工院校毕业生按国家有关规定申报。

——取得中级培训学时证明，并具备以下条件之一者，可申报中级专业技术等级：

（1）取得助理工程师职称后，从事本职业技术工作满 2 年。

（2）具备大学本科学历，或学士学位，或大学专科学历，取得初级专业技术等级后，从事本职业技术工作满 3 年。

（3）具备硕士学位或第二学士学位，取得初级专业技术等级后，从事本职业技术工作满 1 年。

（4）具备相关专业博士学位。

（5）技工院校毕业生按国家有关规定申报。

——取得高级培训学时证明，并具备以下条件之一者，可申报高级专业技术等级：

（1）取得工程师职称后，从事本职业技术工作满 3 年。

（2）具备硕士学位，或第二学士学位，或大学本科学历，或学士学位，取得中级专业技术等级后，从事本职业技术工作满 4 年。

（3）具备博士学位，取得中级专业技术等级后，从事本职业技术工作满 1 年。

（4）技工院校毕业生按国家有关规定申报。

1.9.2 考核方式

分为理论知识考试以及专业能力考核。理论知识考试、专业能力考核均实行百分制，成绩皆达 60 分（含）以上者为合格，考核合格者获得相应专业技术等级证书。

理论知识考试以闭卷笔试、机考等方式为主，主要考核从业人员从事本职业应掌握的基本要求和相关知识要求；专业能力考核以实操考试、方案设计等方式为主，主要考核从事本职业应具备的技术水平。

1.9.3 监考人员、考评人员与考生配比

理论知识考试中的监考人员与考生配比不低于1∶15，且每个考场不少于2名监考人员；专业能力考核中的考评人员与考生配比不低于1∶5，且考评人员为3人（含）以上单数。

1.9.4 考核时间

理论知识考试时间不少于90分钟；专业能力考核时间不少于150分钟。

1.9.5 考核场所设备

理论知识考试在标准教室进行；专业能力考核在具备软、硬件及网络环境的计算机教室进行。

2. 基本要求

2.1 职业道德

2.1.1 职业道德基本知识

2.1.2 职业守则

（1）遵纪守法，爱岗敬业。
（2）诚实守信，恪守职责。
（3）精益求精，勇于创新。
（4）遵守规程，安全操作。
（5）团结协作，忠于职守。

2.2 基础知识

2.2.1 基础理论知识

（1）操作系统知识。
（2）计算机网络知识。
（3）程序设计知识。
（4）数据库知识。
（5）软件工程知识。
（6）分布式系统知识。
（7）信息安全知识。

2.2.2 技术基础知识

（1）服务器、网络、存储等硬件知识。

（2）虚拟化和容器技术知识。
（3）分布式数据存储、任务调度知识。
（4）云服务技术知识。
（5）高可用与负载均衡知识。
（6）云计算平台安装、配置和调试知识。
（7）云资源管理与分发知识。
（8）云计算平台开发知识。
（9）云计算平台网络、存储、监控知识。
（10）云应用开发知识。
（11）云计算平台架构知识。
（12）云计算平台服务管理知识。

2.2.3 安全知识

（1）云服务器、网络、存储等硬件设备安全管理知识。
（2）云机房安全管理知识。
（3）云计算平台用户身份鉴别与访问安全控制知识。
（4）云安全管理知识。
（5）云计算平台应急响应管理知识。
（6）信息系统安全等级保护知识。

2.2.4 相关法律、法规知识

（1）《中华人民共和国劳动法》相关知识。
（2）《中华人民共和国安全生产法》相关知识。
（3）《中华人民共和国网络安全法》相关知识。
（4）《中华人民共和国个人信息保护法》相关知识。
（5）《全国人民代表大会常务委员会关于加强网络信息保护的决定》相关知识。
（6）《关键信息基础设施安全保护条例》相关知识。
（7）《网络安全等级保护条例》相关知识。
（8）《云计算服务安全评估办法》相关知识。

2.2.5 其他相关知识

（1）环境保护知识。
（2）文明生产知识。
（3）劳动保护知识。
（4）资料保管保密知识。

3. 工作要求

本标准对初级、中级、高级的专业能力要求和相关知识要求依次递进，高级别涵盖低级别的要求。

3.1 初级

云计算运维方向的职业功能包括云计算平台搭建、云计算平台运维、云计算平台应用、云安全管理；云计算开发方向的职业功能包括云计算平台开发、云应用开发、云计算平台应用、云安全管理。

职业功能	工作内容	专业能力要求	相关知识要求
1. 云计算平台搭建	1.1 硬件系统搭建	1.1.1 能根据规划部署要求，完成需求沟通并确定服务器、交换机等设备的硬件参数 1.1.2 能根据规划部署要求，规划云机房空间，并上架服务器 1.1.3 能根据网络规划及拓扑，组网布置服务器和网络设备，并确保连通 1.1.4 能应用现场设施及电力系统设施，完成服务器和网络设备的通电测试	1.1.1 硬件设备功能知识 1.1.2 服务器和网络设备安装、连接知识
	1.2 软件系统部署	1.2.1 能根据云系统部署方案，安装操作系统和部署环境 1.2.2 能根据软件部署方案，使用脚本安装云计算平台各类服务组件 1.2.3 能根据各节点连接信息，配置云计算平台 1.2.4 能根据云计算平台信息表，初始化云计算平台	1.2.1 操作系统安装及使用知识 1.2.2 虚拟化组件部署知识 1.2.3 云计算平台部署、配置知识 1.2.4 云计算平台初始化知识

续表

职业功能	工作内容	专业能力要求	相关知识要求
1. 云计算平台搭建	1.3 机房管理	1.3.1 能根据机房管理要求，定期检查网络、电力、空调、消防、安防等硬件设备的运行状态 1.3.2 能根据机房巡检要求，定期查看服务器运行状态，包括内存、硬盘、CPU①、网络等系统资源状态 1.3.3 能根据网络管理需求，定期查看网络运行状态 1.3.4 能根据机房管理要求，填写机房环境巡查情况登记表	1.3.1 机房管理知识 1.3.2 服务器运行参数知识 1.3.3 网络运行参数知识
2. 云计算平台开发	2.1 云计算平台客户端开发	2.1.1 能根据云计算平台接口，开发终端命令行工具 2.1.2 能根据云计算平台功能和接口，开发客户端管理界面	前端开发知识
	2.2 云计算平台服务端开发	2.2.1 能根据云计算平台功能，开发 RESTful 接口 2.2.2 能根据云计算平台管理需求，开发用户认证授权扩展功能 2.2.3 能根据云计算平台服务需求，开发用户自定义组件功能	2.2.1 权限管理知识 2.2.2 软件架构知识 2.2.3 OpenAPI 开发知识
3. 云计算平台运维	3.1 云计算平台管理	3.1.1 能操作云计算平台各组件 3.1.2 能根据配额需求，合理调配云资源，并划分权限 3.1.3 能根据网络使用需求，创建不同种类的云计算平台网络	3.1.1 云计算平台操作基础知识 3.1.2 云资源整合知识
	3.2 云系统运维	3.2.1 能使用监控工具，监控云系统各组件与服务的运行状态 3.2.2 能定期查看云系统运行日志 3.2.3 能修改自动化部署和运维脚本 3.2.4 能完成自动化部署与运维脚本的测试	3.2.1 云系统监控管理知识 3.2.2 脚本语言知识

① 本《标准》涉及术语定义详见附录。

续表

职业功能	工作内容	专业能力要求	相关知识要求
3. 云计算平台运维	3.3 云系统灾备	3.3.1 能根据磁盘备份与冗余需求，创建磁盘阵列 3.3.2 能根据容灾备份计划，定期迁移与备份数据 3.3.3 能根据云主机备份需求，迁移与备份云主机	3.3.1 磁盘阵列知识 3.3.2 存储灾备知识 3.3.3 云主机迁移备份知识
4. 云应用开发	4.1 云应用前端开发	4.1.1 能根据前端技术需求，构建云应用前端开发框架 4.1.2 能调用云计算平台 API，完成接口对接 4.1.3 能根据前端功能需求，完成简单功能开发	4.1.1 前端开发知识 4.1.2 接口调用知识
	4.2 云应用后端开发	4.2.1 能根据后端技术需求，构建云应用后端框架 4.2.2 能根据后端功能需求，完成简单功能开发 4.2.3 能根据开发技术规范，编写 API 文档，并联调测试	4.2.1 API 开发知识 4.2.2 联调测试知识
5. 云计算平台应用	5.1 云计算平台计算服务应用	5.1.1 能根据镜像使用需求，提供基础镜像服务 5.1.2 能根据云实例创建需求，提供基础云服务器 5.1.3 能根据云服务器实际使用需求，调整云服务器配置	5.1.1 云计算平台镜像应用知识 5.1.2 云服务器应用知识 5.1.3 云服务器弹性伸缩知识
	5.2 云计算平台存储服务应用	5.2.1 能根据用户存储需求，提供云计算平台数据存储服务 5.2.2 能根据用户存储需求，提供云计算平台对象存储服务 5.2.3 能根据用户存储需求，提供云计算平台块存储服务	5.2.1 数据存储技术知识 5.2.2 对象存储服务知识 5.2.3 块存储服务知识
	5.3 云计算平台网络服务应用	5.3.1 能根据网络使用需求，提供 VPC 专属私有网络服务 5.3.2 能根据网络安全需求，提供安全组服务	5.3.1 VPC 网络知识 5.3.2 安全组知识

续表

职业功能	工作内容	专业能力要求	相关知识要求
6. 云安全管理	6.1 云计算平台设备安全管理	6.1.1 能根据硬件设备上网需求，正确配置与连接服务器、防火墙和上网行为管理设备 6.1.2 能设置复杂服务器管理员密码并定期更换 6.1.3 能配置服务器的管理员登录权限 6.1.4 能使用堡垒机管理服务器、网络等设备	6.1.1 防火墙配置知识 6.1.2 上网行为管理设备配置知识 6.1.3 服务器密码与权限配置知识 6.1.4 堡垒机使用知识
	6.2 云计算平台系统安全管理	6.2.1 能根据云计算平台使用需求，配置用户管理权限 6.2.2 能查看监控日志，了解安全状态 6.2.3 能应急处理各类突发的攻击或异常事件	6.2.1 用户、用户组权限知识 6.2.2 常见异常处理知识
	6.3 云服务安全管理	6.3.1 能根据服务、应用的端口开放需求，设置云服务器防火墙规则 6.3.2 能修改云服务映射端口的规则	6.3.1 云服务器防火墙配置知识 6.3.2 端口映射知识

3.2 中级

云计算运维方向的职业功能包括云计算平台搭建、云计算平台运维、云计算平台应用、云安全管理、云技术服务；云计算开发方向的职业功能包括云计算平台开发、云应用开发、云计算平台应用、云安全管理、云技术服务。

职业功能	工作内容	专业能力要求	相关知识要求
1. 云计算平台搭建	1.1 硬件系统搭建	1.1.1 能根据配置需求，规划及选择硬件配置设施 1.1.2 能根据机房环境和配置清单，制定工程实施方案 1.1.3 能根据物理硬件特性，制定组网规划方案 1.1.4 能根据硬件设备条件，进行服务器底层及驱动配置 1.1.5 能根据现场施工情况进行故障处理指导	1.1.1 服务器配置知识 1.1.2 网络架构与规划知识 1.1.3 服务器底层配置知识 1.1.4 施工规范知识

续表

职业功能	工作内容	专业能力要求	相关知识要求
1. 云计算平台搭建	1. 2 软件系统部署	1. 2. 1 能根据应用需求，规划系统部署方案 1. 2. 2 能根据软件部署方案，使用自动化部署脚本，完成云计算平台集群部署 1. 2. 3 能根据集群功能对各组件进行联调	1. 2. 1 自动化部署工具知识 1. 2. 2 云计算平台集群部署配置知识
	1. 3 机房管理	1. 3. 1 能制定机房巡检要求与规范 1. 3. 2 能制订机房巡检计划及安排维护人员 1. 3. 3 能建立机房台账管理机制，以记录机房进出、操作等事项 1. 3. 4 能及时应对机房发生的各类事件	1. 3. 1 机房巡检知识 1. 3. 2 台账管理知识 1. 3. 3 应急管理知识
2. 云计算平台开发	2. 1 云计算平台服务端开发	2. 1. 1 能根据云计算平台服务需求，开发核心组件功能 2. 1. 2 能根据云计算平台资源需求，开发节点资源管理功能 2. 1. 3 能根据云计算平台调度需求，开发任务调度功能	2. 1. 1 框架开发知识 2. 1. 2 系统调度知识
	2. 2 云计算平台底层开发	2. 2. 1 能调整操作系统内核模块，实现性能优化与系统适配 2. 2. 2 能基于虚拟化技术，完成计算、存储与网络资源的隔离、共享与管理 2. 2. 3 能基于分布式文件系统，完成存储节点控制、存储策略与负载均衡 2. 2. 4 能基于分布式数据库，完成引擎、数据管理与负载均衡	2. 2. 1 内核开发知识 2. 2. 2 虚拟化开发知识 2. 2. 3 容器开发知识 2. 2. 4 分布式系统知识

续表

职业功能	工作内容	专业能力要求	相关知识要求
3. 云计算平台运维	3.1 云计算平台管理	3.1.1 能根据云计算平台使用的需求变化，扩容云计算平台 3.1.2 能根据业务需求与实际情况，完成存储、计算、管理等业务网络分离 3.1.3 能根据业务需求，扩容网络地址池 3.1.4 能根据超融合云计算平台配置要求，完成云计算平台与公共存储的连接	3.1.1 云计算平台扩容知识 3.1.2 云计算平台网络知识 3.1.3 公共存储知识
	3.2 云系统运维	3.2.1 能编写脚本对集群软硬件、组件与服务、作业运行情况进行监控及管理操作 3.2.2 能对集群的运行性能、读写性能等指标进行调优 3.2.3 能根据故障报告，排查故障原因，处理故障问题 3.2.4 能根据部署、运维、监控需求，编写、测试并优化自动化部署、运维、监控脚本	3.2.1 脚本开发与优化知识 3.2.2 性能调优知识 3.2.3 故障排查知识 3.2.4 自动化运维知识
	3.3 云系统灾备	3.3.1 能部署高可用云计算平台集群，降低云计算平台单点故障率 3.3.2 能部署分布式集群存储系统，提高数据存储的可靠性 3.3.3 能定时检查云计算平台服务，对异常服务器进行故障排除或数据迁移 3.3.4 能制订云计算平台备份计划，编写脚本，定期备份重要数据与云服务器数据	3.3.1 高可用云计算平台集群部署知识 3.3.2 分布式存储知识 3.3.3 服务器故障排除知识 3.3.4 自动化备份知识

续表

职业功能	工作内容	专业能力要求	相关知识要求
4. 云应用开发	4.1 云应用前端开发	4.1.1 能根据功能开发需求，对接云计算平台 API，完成前端功能开发 4.1.2 能根据功能开发需求，重构前端代码，优化功能 4.1.3 能根据业务需求，开发前端框架，提升界面加载效率	4.1.1 前端框架开发知识 4.1.2 接口优化知识 4.1.3 渲染优化知识
	4.2 云应用后端开发	4.2.1 能根据业务功能需求，开发云计算平台复杂功能 4.2.2 能开发接口，优化接口调用效率 4.2.3 能根据云应用故障，定位问题代码，修复应用漏洞 4.2.4 能优化后端代码，完善功能	4.2.1 程序调优知识 4.2.2 云应用故障分析知识
5. 云计算平台应用	5.1 云计算平台计算服务应用	5.1.1 能根据用户需求，制作定制化镜像 5.1.2 能根据用户需求，优化定制化镜像 5.1.3 能根据业务访问需求，完成云服务器弹性伸缩服务 5.1.4 能根据应用部署需求，完成云服务应用部署	5.1.1 镜像制作知识 5.1.2 镜像优化知识 5.1.3 弹性伸缩知识 5.1.4 云服务部署知识
	5.2 云计算平台存储服务应用	5.2.1 能提供分布式存储服务 5.2.2 能提供云硬盘与云硬盘备份服务 5.2.3 能提供文件存储服务	5.2.1 分布式存储知识 5.2.2 云硬盘备份知识 5.2.3 文件存储知识
	5.3 云计算平台网络服务应用	5.3.1 能根据安全防护需求，提供防火墙服务 5.3.2 能根据业务访问需求，提供负载均衡服务 5.3.3 能根据业务通信需求，提供 VPN 服务	5.3.1 防火墙知识 5.3.2 负载均衡知识 5.3.3 VPN 知识

续表

职业功能	工作内容	专业能力要求	相关知识要求
5. 云计算平台应用	5.4 云计算平台容器服务应用	5.4.1 能根据用户应用需求，制定容器服务方案 5.4.2 能根据用户应用需求，制定容器镜像仓库服务方案，并更新迭代 5.4.3 能根据容器部署需求，制定自动化部署方案	5.4.1 容器镜像与容器知识 5.4.2 容器镜像仓库知识 5.4.3 定制容器镜像知识
6. 云安全管理	6.1 云计算平台设备安全管理	6.1.1 能配置身份认证、加密口令等设备访问权限 6.1.2 能根据网络安全管理需求，规划服务器网络连接，完成网络隔离与业务分离 6.1.3 能对硬件设备进行安全性测试	6.1.1 权限控制知识 6.1.2 网络隔离知识 6.1.3 安全测试知识
	6.2 云计算平台系统安全管理	6.2.1 能对接入系统的用户进行安全审查 6.2.2 能检测并修复系统安全漏洞 6.2.3 能建立系统安全审计日志，检测并跟踪入侵攻击事件 6.2.4 能对传输系统中的数据进行安全加密	6.2.1 安全审查知识 6.2.2 漏洞检测知识 6.2.3 日志审查知识 6.2.4 数据加密知识
	6.3 云服务安全管理	6.3.1 能防护应用层的 DDoS 攻击 6.3.2 能进行数据库审计、检测 SQL 注入攻击 6.3.3 能完成容器的全生命周期安全防护 6.3.4 能排查并解决云服务的网络安全隐患	6.3.1 DDoS 攻击防护知识 6.3.2 数据库安全知识 6.3.3 容器安全知识 6.3.4 隐患分析排查知识
7. 云技术服务	7.1 技术咨询服务	7.1.1 能收集目标市场信息，分析行业需求 7.1.2 能配合销售团队宣讲产品和解决方案 7.1.3 能提供技术方案咨询服务 7.1.4 能参与项目架构设计并提出参考建议	7.1.1 云计算架构知识 7.1.2 云应用知识

续表

职业功能	工作内容	专业能力要求	相关知识要求
7. 云技术服务	7.2 解决方案设计	7.2.1 能根据项目需求，在产品相关技术文档基础上，编写项目解决方案 7.2.2 能完成产品调研，讲解产品特性 7.2.3 能结合业务情况主导项目交付	7.2.1 产品调研知识 7.2.2 市场营销知识
	7.3 指导与培训	7.3.1 能制订相关从业人员培训计划 7.3.2 能开发培训资源 7.3.3 能根据培训材料，对相关从业人员进行专业能力培训	培训资源开发知识

3.3 高级

职业功能	工作内容	专业能力要求	相关知识要求
1. 云计算平台搭建	1.1 硬件系统搭建	1.1.1 能按照云计算平台总体规划目标，设计云服务器技术方案，包括云服务器性能规划、硬件选型和机型设计等 1.1.2 能根据安全施工规范，整体规划硬件设施安全方案 1.1.3 能根据应用需求，规划云计算平台网络配置实施方案 1.1.4 能根据云计算平台产品特性，制定统一施工规范和流程文件 1.1.5 能根据云计算平台部署方案，与产品开发部门整体规划服务器、交换机、存储设备配置及扩展方案 1.1.6 能针对不同硬件设施，编写故障处理流程文档	1.1.1 安全施工规范 1.1.2 硬件产品知识 1.1.3 故障处理知识
	1.2 软件系统部署	1.2.1 能根据云计算平台特性，制定部署及升级策略 1.2.2 能根据不同行业需求，设计适应的云计算平台架构	1.2.1 权限管理规范知识 1.2.2 软件升级规范知识

续表

职业功能	工作内容	专业能力要求	相关知识要求
1. 云计算平台搭建	1.2 软件系统部署	1.2.3 能负责云计算平台交付项目管理，优化交付工具 1.2.4 能根据业务需求与架构迭代，优化云计算平台架构 1.2.5 能根据权限安全规范，编写云计算平台权限管理文件，配置组件使用权限	1.2.3 软件产品交付规范知识 1.2.4 云计算平台架构优化知识
	1.3 机房管理	1.3.1 能对机房硬件设备进行技术选型与优劣对比分析 1.3.2 能规划机房的详细建设方案 1.3.3 能制定机房管理条例、操作手册等安全生产与操作规范	1.3.1 硬件设备选型知识 1.3.2 机房建设知识 1.3.3 安全生产与操作规范知识
2. 云计算平台开发	2.1 云计算平台系统分析	2.1.1 能根据市场动态、行业发展与客户需求，整体规划云计算平台的产品方向与市场定位 2.1.2 能根据云计算平台发展规划，分析计算、存储、网络、容器、安全与中间件等云服务产品需求 2.1.3 能根据云计算平台的产品需求，制定云服务产品设计方案	2.1.1 市场分析知识 2.1.2 需求分析知识 2.1.3 产品设计知识
	2.2 云计算平台架构设计	2.2.1 能根据云服务产品设计方案，确认云服务产品的需求 2.2.2 能根据云服务产品需求，设计云服务产品技术方案 2.2.3 能根据云服务产品技术方案，进行软件架构设计，搭建云计算平台环境	2.2.1 软件设计知识 2.2.2 架构设计知识 2.2.3 组件设计知识

续表

职业功能	工作内容	专业能力要求	相关知识要求
2. 云计算平台开发	2.3 云计算平台项目管理	2.3.1 能根据云服务产品技术方案，编写开发流程，编写设计文档，制订云服务产品项目开发计划 2.3.2 能根据项目开发计划，组织技术人员实施，完成关键技术攻关 2.3.3 能在项目开发过程中，对项目进行风险管控 2.3.4 能重构与优化现有软件模块	2.3.1 信息系统项目管理知识 2.3.2 代码优化知识 2.3.3 风险管控知识
3. 云计算平台运维	3.1 云计算平台管理	3.1.1 能评估云计算平台变更风险，发布云计算平台变更计划，管控变更流程，编写变更报告 3.1.2 能根据应用部署方式，制定各类组件应用变更或版本更迭方案 3.1.3 能根据管理需求，实现云计算平台功能使用权限分配	3.1.1 风险管理知识 3.1.2 应用变更知识
	3.2 云系统运维	3.2.1 能确定服务器、网络设施和云计算平台等监控指标类别与范围，制定监控管理规范 3.2.2 能制定自动化部署、运维、监控脚本的编写规范，拆分自动化程序，进行模块化部署，提升效率 3.2.3 能根据应用运行要求，制定监控策略，根据监控数据，制定云计算平台智能运维方案 3.2.4 能根据监控指标及运行业务，分析潜在故障并排查 3.2.5 能设计云计算服务部署与运维解决方案，开发云服务自动化运维程序	3.2.1 云系统性能指标知识 3.2.2 模块化脚本知识 3.2.3 智能化运维知识 3.2.4 运维服务标准化管理知识
	3.3 云系统灾备	3.3.1 能设计高可用云系统架构部署方案 3.3.2 能设计云系统异地容灾备份实施方案 3.3.3 能定期组织云系统容灾备份	3.3.1 高可用性架构知识 3.3.2 同城、异地容灾备份知识

续表

职业功能	工作内容	专业能力要求	相关知识要求
4. 云应用开发	4.1 云应用系统分析	4.1.1 能根据客户需求，规划云应用产品的方向与市场定位 4.1.2 能根据云应用产品的发展规划，编写需求分析报告 4.1.3 能根据产品需求分析报告，设计云应用软件产品	4.1.1 产品规划知识 4.1.2 云应用产品需求分析知识 4.1.3 云应用软件产品设计知识
	4.2 云应用架构设计	4.2.1 能根据云应用产品设计，确认功能模块需求 4.2.2 能设计云应用产品软件技术架构 4.2.3 能基于现有架构优化数据库架构和技术架构 4.2.4 能根据云应用整体架构，编写开发流程，开发功能模块	4.2.1 数据库架构优化知识 4.2.2 分布式数据库知识
	4.3 云应用项目管理	4.3.1 能根据云应用产品需求与设计方案，制订和实施云应用产品项目开发计划 4.3.2 能带领团队进行技术攻关 4.3.3 能在开发过程中，对项目进行风险管控与异常预防 4.3.4 能在开发过程中，对项目进行功能优化和问题排查	4.3.1 项目成本管理知识 4.3.2 产品质量控制知识 4.3.3 项目风险管理知识
5. 云计算平台应用	5.1 行业应用	5.1.1 能根据行业业务需求，设计应用上云部署架构 5.1.2 能根据部署方案，设计高可用与高性能技术架构 5.1.3 能根据资源使用实际需求，编写与实施资源调整方案	5.1.1 应用部署架构知识 5.1.2 资源调整知识
	5.2 技术应用	5.2.1 能根据信息技术发展需求，设计面向新型业务的云化服务架构 5.2.2 能根据业务需求，设计私有云、公有云、混合云等系统部署架构 5.2.3 能根据技术应用需求，设计微服务、容器化、DevOps 等云原生技术架构	5.2.1 容器编排知识 5.2.2 DevOps 知识 5.2.3 云原生知识 5.2.4 云服务架构设计知识

续表

职业功能	工作内容	专业能力要求	相关知识要求
6. 云安全管理	6.1 云计算平台设备安全管理	6.1.1 能全面规划包括服务器、交换机、路由器、防火墙等设备的安全策略 6.1.2 能制定设备安全的管理措施 6.1.3 能对设备建立可靠的识别和鉴别机制 6.1.4 能设计设备可靠性、安全性测试方案 6.1.5 能制定网络安全规章制度	6.1.1 安全策略知识 6.1.2 安全管理措施知识 6.1.3 硬件设备鉴别知识 6.1.4 网络安全知识
	6.2 云计算平台系统安全管理	6.2.1 能规划设计云安全架构 6.2.2 能设计云安全协议 6.2.3 能设计云计算平台可靠性、安全性测试方案	6.2.1 安全架构知识 6.2.2 安全协议知识 6.2.3 测试方案设计知识
	6.3 云计算服务安全管理	6.3.1 能根据应用安全防护需求，制定安全防护方案，保护云上服务与应用等 6.3.2 能根据风险类型与应对措施，设计应用或服务上云的最佳解决方案 6.3.3 能设计多种安全服务或产品组合后的安全架构 6.3.4 能根据日志、告警等信息完善安全应用方案	6.3.1 安全防护方案设计知识 6.3.2 组合安全架构知识
7. 云技术服务	7.1 技术咨询服务	7.1.1 能进行云计算平台的需求调研与技术评估 7.1.2 能解决客户技术咨询难题，并提供技术解决方案 7.1.3 能指导项目架构设计与产品设计，并提出建设性意见	7.1.1 云计算平台架构知识 7.1.2 行业分析知识

续表

职业功能	工作内容	专业能力要求	相关知识要求
7. 云技术服务	7.2 解决方案设计	7.2.1 能引导和挖掘客户需求，并编写项目解决方案 7.2.2 能根据云计算平台功能和技术架构，编写产品白皮书 7.2.3 能挖掘行业普遍需求，提炼产品价值特征，整理竞品分析报告 7.2.4 能分析与挖掘市场情况，对市场策略制定提出建议	7.2.1 解决方案编写知识 7.2.2 竞品分析知识
	7.3 指导与培训	7.3.1 能跟踪研究云计算前沿技术，编写技术报告 7.3.2 能指导技术团队，合理调配人员结构 7.3.3 能设计培训体系，对相关从业人员进行专业能力培训	7.3.1 培训指导知识 7.3.2 技术调研知识 7.3.3 团队管理知识
	7.4 优化与管理	7.4.1 能提出持续优化交付质量的方案，提升发布效率 7.4.2 能优化升级云计算平台架构和提出软件、硬件设施升级方案 7.4.3 能梳理和发现云产品架构风险，提出解决方案并组织实施	7.4.1 研发效能知识 7.4.2 运营管理知识

4. 权重表

4.1 理论知识权重表

项目 \ 专业技术等级		初级（%）		中级（%）		高级（%）
		云计算运维方向	云计算开发方向	云计算运维方向	云计算开发方向	
基本要求	职业道德	5	5	5	5	5
	基础知识	25	25	25	25	25
相关知识要求	云计算平台搭建	15	—	10	—	5
	云计算平台开发	—	15	—	15	15
	云计算平台运维	30	—	30	—	10

续表

项目 \ 专业技术等级		初级（%）		中级（%）		高级（%）
		云计算运维方向	云计算开发方向	云计算运维方向	云计算开发方向	
相关知识要求	云应用开发	—	30	—	30	15
	云计算平台应用	10	10	10	10	5
	云安全管理	15	15	15	10	10
	云技术服务	—	—	5	5	10
合计		100	100	100	100	100

4.2 专业能力要求权重表

项目 \ 专业技术等级		初级（%）		中级（%）		高级（%）
		云计算运维方向	云计算开发方向	云计算运维方向	云计算开发方向	
专业能力要求	云计算平台搭建	25	—	15	—	5
	云计算平台开发	—	20	—	30	20
	云计算平台运维	30	—	30	—	10
	云应用开发	—	30	—	35	20
	云计算平台应用	25	25	25	15	15
	云安全管理	20	25	25	15	15
	云技术服务	—	—	5	5	15
合计		100	100	100	100	100

5. 附录

5.1 参考文献

[1] 工业和信息化部. 云计算发展三年行动计划（2017—2019 年）[R/OL].（2017-3-30）[2017 - 04 - 10]. https://www.miit.gov.cn/jgsj/xxjsfzs/zlgh/art/2020/art_fb1e14b54f234fc7b4f52c062b9d3d08.html.

[2] 工业和信息化部. 推动企业上云实施指南（2018—2020 年）[R/OL].（2018-7-23）[2018 - 08 - 11]. https://www.miit.gov.cn/zwgk/zcwj/wjfb/rjy/art/2020/art_e87741c1b7b24f1cbaf57d76afbc3baa.html.

5.2 中英文术语对照表

序号	英文	中文
1	CPU（central processing unit）	中央处理器
2	REST（representational state transfer）	表述性状态转移
3	RESTful	REST 风格的架构与应用
4	OpenAPI（open application programming interface）	开放应用程序编程接口
5	API（application programming interface）	应用程序编程接口
6	VPC（virtual private cloud）	虚拟私有云
7	VPN（virtual private network）	虚拟专用网络
8	DDoS（distributed denial of service）	分布式拒绝服务
9	SQL（structured query language）	结构化查询语言
10	DevOps	研发与运营一体化

工业互联网工程技术人员国家职业技术技能标准

（2021 年版）

1. 职业概况

1.1　职业名称

工业互联网工程技术人员

1.2　职业编码

2-02-10-13

1.3　职业定义

围绕工业互联网网络、平台、安全三大体系，在网络互联、标识解析、平台建设、数据服务、应用开发、安全防护等领域，从事规划设计、技术研发、测试验证、工程实施、运营管理和运维服务等工作的工程技术人员。

1.4　专业技术等级

本职业共设三个等级，分别为初级、中级、高级。

初级不分职业方向。

中级、高级均设两个职业方向，分别为工程应用、设计开发。

1.5　职业环境条件

室内、工业现场，常温（部分高温、低温）。

1.6　职业能力特征

具有较强的学习能力、计算能力、表达能力、逻辑思维能力。

1.7　普通受教育程度

大学专科学历（或高等职业学校毕业）。

1.8　职业培训要求

1.8.1　培训时间

工业互联网工程技术人员需按照本《标准》的职业要求参加有关课程培训，完成规定学时，取得学时证明。初级 90 标准学时，中级 120 标准学时，高级 120 标准学时。

1.8.2 培训教师

承担初级、中级理论知识或专业能力培训任务的人员，应具有相关职业中级及以上专业技术等级或相关专业中级及以上职称。

承担高级理论知识或专业能力培训任务的人员，应具有相关职业高级专业技术等级或相关专业高级职称。

1.8.3 培训场所设备

理论知识培训在标准教室或线上平台进行；专业能力培训在具有相应线下实训设备及线上实训平台条件的培训场所进行。

1.9 专业技术考核要求

1.9.1 申报条件

——取得初级培训学时证明，并具备以下条件之一者，可申报初级专业技术等级：

（1）取得技术员职称。

（2）具备相关专业大学本科及以上学历（含在读的应届毕业生）。

（3）具备相关专业大学专科学历，从事本职业技术工作满 1 年。

（4）技工院校毕业生按国家有关规定申报。

——取得中级培训学时证明，并具备以下条件之一者，可申报中级专业技术等级：

（1）取得助理工程师职称后，从事本职业技术工作满 2 年。

（2）具备大学本科学历，或学士学位，或大学专科学历，取得初级专业技术等级后，从事本职业技术工作满 3 年。

（3）具备硕士学位或第二学士学位，取得初级专业技术等级后，从事本职业技术工作满 1 年。

（4）具备相关专业博士学位。

（5）技工院校毕业生按国家有关规定申报。

——取得高级培训学时证明，并具备以下条件之一者，可申报高级专业技术等级：

（1）取得工程师职称后，从事本职业技术工作满 3 年。

（2）具备硕士学位，或第二学士学位，或大学本科学历，或学士学位，取得中级专业技术等级后，从事本职业技术工作满 4 年。

（3）具备博士学位，取得中级专业技术等级后，从事本职业技术工作满 1 年。

（4）技工院校毕业生按国家有关规定申报。

1.9.2 考核方式

从理论知识和专业能力两个维度进行考核。理论知识、专业能力考核均实行百分制，成绩皆达 60 分（含）以上者为合格，考核合格者获得相应专业技术等级证书。

理论知识考核以闭卷笔试或机考方式进行，主要考查工业互联网工程技术人员从事本职业应掌握的基础知识和专业知识；专业能力考核采用方案设计、实际操作等实践考核方式进行，主要考查工业互联网工程技术人员从事本职业应具备的实际工作能力。

1.9.3 监考人员、考评人员与考生配比

理论知识考试中的监考人员与考生配比不低于 1∶15，且每个考场不少于 2 名监考人员；专业能力考核中的考评人员与考生配比不低于 1∶5，且考评人员为 3 人（含）以上单数。

1.9.4 考核时间

理论知识考核时间不少于 90 分钟；专业能力考核时间不少于 120 分钟。

1.9.5 考核场所设备

理论知识考试在标准教室或机房进行；专业能力考核在具有相应线下实训设备及线上实训平台条件的考核场所进行。

2. 基本要求

2.1 职业道德

2.1.1 职业道德基本知识

2.1.2 职业守则

（1）遵纪守法，爱岗敬业。
（2）遵守规程，安全操作。
（3）认真严谨，忠于职守。
（4）精益求精，勇于创新。
（5）诚实守信，服务社会。

2.2 基础知识

2.2.1 工业生产基础知识

（1）电工电子技术。
（2）传感器技术。
（3）自动控制系统。
（4）生产管理基础。

2.2.2 信息技术基础知识

（1）计算机网络技术。
（2）通信技术基础。
（3）程序设计。
（4）软件工程基础。
（5）数据库技术基础。

（6）网络安全技术基础。

2.2.3 工业互联网基础知识

（1）工业互联网网络体系。
（2）工业互联网标识解析体系。
（3）工业互联网平台架构。
（4）工业互联网安全体系。

2.2.4 安全文明生产与环境保护知识

（1）安全生产技术基础。
（2）职业健康与职业安全。
（3）环境保护与可持续发展。

2.2.5 相关法律、法规知识

（1）《中华人民共和国劳动法》相关知识。
（2）《中华人民共和国安全生产法》相关知识。
（3）《中华人民共和国网络安全法》相关知识。
（4）《中华人民共和国数据安全法》相关知识。

3. 工作要求

本标准对初级、中级、高级的专业能力要求及相关知识要求依次递进，高级别涵盖低级别的要求。

3.1 初级

职业功能	工作内容	专业能力要求	相关知识要求
1. 工程实施	1.1 网络互联集成	1.1.1 能根据网络集成设计方案，安装工业交换机、无线模块等网络设备 1.1.2 能根据网络集成设计方案，配置网络设备功能 1.1.3 能根据网络集成设计方案，安装工业传感器、工业控制器 1.1.4 能识别工业传感器、工业控制器等的物理通信接口 1.1.5 能根据网络集成设计方案，实现工业生产数据采集网络互联集成 1.1.6 能使用通信调试工具、网络指令等调试、测试工业设备数据采集网络的连通性	1.1.1 网络拓扑结构类型知识 1.1.2 工业交换机知识 1.1.3 工业传感器、工业控制器知识 1.1.4 串口、网络接口等通信接口知识 1.1.5 工业以太网、现场总线等工业通信协议知识 1.1.6 有线与无线通信方式知识 1.1.7 常用网络测试指令知识

续表

职业功能	工作内容	专业能力要求	相关知识要求
1. 工程实施	1.2 工业设备数据采集	1.2.1 能根据工业设备数据采集设计方案，配置工业控制器中变量 1.2.2 能根据工业设备数据采集设计方案，在工业互联网平台上进行设备、数据等信息配置 1.2.3 能根据工业设备数据采集设计方案，配置智能工业网关功能，实现工业传感器和工业控制器的数据采集 1.2.4 能使用通信调试工具、网络指令，测试从工业智能网关到工业互联网平台网络连通性 1.2.5 能对采集的工业设备数据进行准确性验证	1.2.1 工业数据类型知识 1.2.2 MQTT① 知识 1.2.3 OPC UA 知识 1.2.4 工业网关知识
	1.3 工业标识数据采集	1.3.1 能根据设计方案，安装、调试针对条码、二维码、RFID 标签等标识载体的数据采集系统 1.3.2 能对条码、二维码、RFID 标签等进行信息读取 1.3.3 能对工业互联网平台、标识解析系统进行标识数据采集接口配置，并实现标识数据采集 1.3.4 能对采集的标识数据进行准确性验证	1.3.1 主流标识载体技术知识 1.3.2 标识识读设备使用知识 1.3.3 标识存储知识
	1.4 安全防护实施	1.4.1 能根据网络安全设计方案，安装工业防火墙、网闸等安全设备，并将安全设备集成到工厂网络中 1.4.2 能根据网络安全设计方案，配置安全设备的常规安全策略，实现对工厂内网中控制系统、工业设备等的基本安全防护 1.4.3 能根据网络安全设计方案，配置安全设备，实现采集的数据到云平台的安全传输 1.4.4 能完成工厂内网安全防护策略及采集的数据到云平台安全传输的测试验证	1.4.1 防火墙、网闸等常规安全设备知识 1.4.2 访问控制列表等常规安全策略知识 1.4.3 虚拟专用网络知识

① 本《标准》涉及的术语定义详见附录。

续表

职业功能	工作内容	专业能力要求	相关知识要求
2. 运行维护	2.1 网络互联运维	2.1.1 能利用网络测试工具、网络指令测试工业网络的通信质量 2.1.2 能完成工业网络设备硬件维护，如固件升级 2.1.3 能判断工业网络设备及链路常见故障并进行恢复 2.1.4 能应用网络管理软件监控工业网络及工业现场与工业互联网平台之间的网络状态	2.1.1 常见工业网络故障类型知识 2.1.2 常见网络故障处理方法
	2.2 工业数据采集系统运维	2.2.1 能监控常用工业传感器运行状态 2.2.2 能监控工业控制系统运行状态 2.2.3 能监控标识数据采集系统运行状态 2.2.4 能对工业网关进行维护 2.2.5 能对工业设备数据采集系统和工业标识数据采集系统进行定期检查，并记录运行状态	2.2.1 常见工业传感器故障知识 2.2.2 工业控制器常见故障知识 2.2.3 标识数据采集设备常见故障知识 2.2.4 工业网关常见故障知识
	2.3 安全防护运维	2.3.1 能使用安全漏洞扫描工具，对工业控制系统、工控机、网络设备等进行漏洞扫描 2.3.2 能针对工业控制系统安全漏洞，跟踪补丁发布，并及时开展补丁升级和系统加固 2.3.3 能利用安全工具实现上云数据分析，及时发现数据可用性、完整性等问题 2.3.4 能对工业防火墙等常规安全设备进行日常监控和维护 2.3.5 能编写安全防护运维操作记录、系统加固报告、评估报告	2.3.1 安全漏洞相关知识 2.3.2 安全加固技术知识 2.3.3 数据可用性和完整性知识
	2.4 工业互联网平台运维	2.4.1 能对工业互联网平台服务器、网络等基础设备进行日常运维 2.4.2 能对工业互联网平台中微服务等进行状态监控、告警分析、日志分析	2.4.1 服务器知识 2.4.2 工业互联网平台管理员常规运维知识操作知识

续表

职业功能	工作内容	专业能力要求	相关知识要求
2. 运行维护	2.5 标识解析系统运维	2.5.1 能识读、运行运维脚本 2.5.2 能使用状态监测工具监测标识解析系统运行状态 2.5.3 能使用主流的数据分析工具对标识解析系统的各类型日志数据进行统计和分析 2.5.4 能完成标识解析系统升级和安全补丁修复等任务 2.5.5 能根据故障告警，排查常见故障	2.5.1 脚本编程语言知识 2.5.2 标识解析系统异常状况处理方法
3. 服务应用	3.1 工业 APP 应用	3.1.1 能使用设备管理类工业 APP，完成设备健康管理工作 3.1.2 能使用生产管理类工业 APP，完成生产监控分析、质量管理等工作 3.1.3 能使用运营管理类工业 APP，完成订单管理、供应链管理等工作	3.1.1 工业 APP 定义 3.1.2 工业 APP 类型 3.1.3 设备管理基础知识 3.1.4 生产管理基础知识 3.1.5 运营管理基础知识
	3.2 工业互联网标识解析服务应用	3.2.1 能根据标识编码，通过标识解析系统获取解析信息 3.2.2 能使用与标识解析系统对接的标识终端设备对标识进行解析查询	3.2.1 标识编码知识 3.2.2 标识注册知识 3.2.3 标识解析知识 3.2.4 标识解析公共服务平台使用知识
	3.3 工业 SaaS 服务推广	3.3.1 能完成用户企业工业 SaaS 服务需求调研 3.3.2 能编写满足用户企业需求的工业 SaaS 服务解决方案	3.3.1 信息化、数字化概念 3.3.2 需求分析方法

3.2 中级

工程应用方向职业功能包括规划设计、工程实施、运行维护、数据服务、服务应用，设计开发方向职业功能包括规划设计、工程实施、研究开发。

职业功能	工作内容	专业能力要求	相关知识要求
1. 规划设计	1.1 网络互联规划设计	1.1.1 能结合业务需求，完成工业设备上云涉及的网络互联规划设计 1.1.2 能分析工厂内网中小型网络改造需求，完成网络互联规划设计 1.1.3 能编写包含网络拓扑、IP 地址规划、网络设备选型等内容的网络设计方案 1.1.4 能结合业务场景，分析网络管理需求，制订网络管理策略	1.1.1 网络架构知识 1.1.2 IP 地址规划知识 1.1.3 网络可用性知识 1.1.4 网络设备功能、参数知识 1.1.5 网络管理知识 1.1.6 无线通信技术知识
	1.2 工业设备数据采集规划设计	1.2.1 能结合业务场景，对满足工业传感器、工业控制器等通信接口、协议要求的网关进行选型 1.2.2 能完成工业设备上云的需求分析，并对采集的数据类型、变量等进行规划设计 1.2.3 能明确工业互联网平台的工业设备数据接入能力、业务数据接入能力及数据采集、存储能力等	1.2.1 工业设备类型知识 1.2.2 变量物理含义相关知识 1.2.3 关系型数据库、非关系型数据库知识 1.2.4 主流工业互联网平台
	1.3 工业标识数据采集规划设计	1.3.1 能结合工业生产、供应链等应用场景，围绕产品、设备等物理资源和工艺、流程等虚拟资源特征进行标识数据采集规划 1.3.2 能根据工业互联网平台和标识解析系统配置要求，确定标识数据采集接口 1.3.3 能结合标识数据采集规范方案，进行标识数据采集的软硬件系统选型、集成方案设计	1.3.1 标识各级节点功能架构及接口要求知识 1.3.2 标识典型应用场景知识
	1.4 安全防护规划设计	1.4.1 能完成设备上云安全性分析、传输链路加密等安全规划设计 1.4.2 能规划设计工厂内网安全防护方案，构建纵深防御体系 1.4.3 能根据工厂内网网络安全需求，规划合适的入侵检测策略及入侵防御策略 1.4.4 能根据安全防护需求进行安全防护软硬件选型 1.4.5 能完成可用性网络设计	1.4.1 网络安全等级保护标准知识 1.4.2 密码算法基础知识 1.4.3 安全通信协议知识 1.4.4 入侵检测、入侵防御知识 1.4.5 工业冗余网络架构、冗余网络协议知识

续表

职业功能	工作内容	专业能力要求	相关知识要求
2. 工程实施	2.1 网络互联集成	2.1.1 能通过工业网关等网络设备，将不同协议网络进行互联互通 2.1.2 能根据工厂内网改造方案，将网络进行升级，并与已有网络进行集成 2.1.3 能根据工厂内网设计方案，将生产控制网络与生产管理网络进行集成 2.1.4 能结合业务场景，对工业网络管理软件进行设置 2.1.5 能对网络进行互联测试，并编写测试报告	2.1.1 工厂内网典型网络架构知识 2.1.2 局域网、虚拟局域网知识 2.1.3 路由原理、路由协议知识
	2.2 安全防护实施	2.2.1 能部署隔离区 2.2.2 能部署入侵检测、入侵防御系统 2.2.3 能完成安全防护集成调试，实现工厂内网与工厂外网的边界安全 2.2.4 能结合网络安全运行日志，编写网络安全审计报告 2.2.5 能对工业互联网平台运行的各类物理及虚拟资源进行安全防护配置 2.2.6 能进行数据库的安全防护实施 2.2.7 能对工业 APP 进行安全防护实施	2.2.1 边界安全知识 2.2.2 安全域知识 2.2.3 安全审计知识 2.2.4 数据安全基础知识 2.2.5 工业 APP 安全知识
	2.3 工业互联网平台部署	2.3.1 能部署工业大数据系统，如数据存储系统、数据处理框架等 2.3.2 能部署工业数据建模框架 2.3.3 能部署应用开发环境	2.3.1 Linux 操作系统基础知识 2.3.2 虚拟化技术基础知识 2.3.3 容器化部署知识 2.3.4 负载均衡知识
3. 运行维护	3.1 网络互联运维	3.1.1 应用网络监控软件，监控、分析工厂内网网络情况，并对网络链路进行维护 3.1.2 能诊断和恢复较为复杂的工厂内网网络故障 3.1.3 能对工厂内网问题进行汇总，并制订网络优化方案	3.1.1 常用网络监控软件知识 3.1.2 网络通信故障分析技术知识 3.1.3 网络升级与优化知识

续表

职业功能	工作内容	专业能力要求	相关知识要求
3. 运行维护	3.2 安全防护应用与运维	3.2.1 能使用工业安全监测系统进行风险监测，发现工业控制网络威胁 3.2.2 能对工业控制网络、工控网络通信协议安全等进行安全性分析 3.2.3 能对安全事件、网络安全日志及数据包进行分析 3.2.4 能利用工业安全审计系统确认网络安全满足合规要求，当网络异常出现时进行网络取证分析 3.2.5 能对攻击路径和攻击方式进行分析 3.2.6 能实施工业安全应急响应处置方案 3.2.7 能对入侵检测、入侵防御等系统进行安全策略维护 3.2.8 能对工业控制系统漏洞、网络设备漏洞、工业协议漏洞等进行分析 3.2.9 能对应用程序、开源第三方应用组件等进行安全防护配置，并进行漏洞修复	3.2.1 工业控制系统、工厂内网等常见安全威胁知识 3.2.2 工业控制系统和软件的主流攻击方式知识 3.2.3 数据包分析知识 3.2.4 工控网络安全事件及分类知识 3.2.5 安全配置变更管理流程知识 3.2.6 网络安全漏洞分类分级知识
	3.3 工业互联网平台运维	3.3.1 能编写工业互联网平台运维方案 3.3.2 能对工业互联网平台组件、中间件等进行日常运维 3.3.3 能诊断工业互联网平台常规故障并恢复	3.3.1 工业互联网平台常见故障处理知识 3.3.2 组件、中间件技术知识
	3.4 标识解析系统运维	3.4.1 能根据部署方案，安装、部署和调试标识解析系统 3.4.2 能编写标识解析系统运维方案	3.4.1 标识解析系统软硬件故障定位和排查知识 3.4.2 数据存储和迁移技术

续表

职业功能	工作内容	专业能力要求	相关知识要求
3. 运行维护	3.4 标识解析系统运维	3.4.3 能根据标识解析系统具体业务，编写相应的实时监测脚本，监控系统运行状态 3.4.4 能制订容灾计划，定期备份和迁移关键数据 3.4.5 能诊断标识解析系统常规故障并恢复	3.4.3 标识解析系统灾备恢复原理和机制知识
4. 数据服务	4.1 工业数据处理	4.1.1 能根据业务需求，进行数据资产梳理，制订数据汇集方案 4.1.2 能根据应用场景，进行数据质量评估，制订数据预处理方案 4.1.3 能使用工业互联网平台中大数据工具，实现数据的抽取、转换、预处理和汇集	4.1.1 数据接入知识 4.1.2 数据质量审查技术知识 4.1.3 数据处理流水线知识 4.1.4 数据集成知识 4.1.5 批处理技术基础知识 4.1.6 流处理技术基础知识 4.1.7 数据抽取、转换、清洗等数据预处理技术知识
	4.2 工业大数据分析	4.2.1 能根据数据分析问题定义，进行数据准备 4.2.2 能根据数据分析的问题定义，通过特征提取、算法选择、参数调优等步骤构建分析模型 4.2.3 能对模型进行评价 4.2.4 能对模型进行部署 4.2.5 能使用工业互联网平台中工业大数据工具进行数据分析，解决工业生产、运营中的实际问题	4.2.1 工业大数据典型应用场景知识 4.2.2 数据分析方法论知识 4.2.3 分类、回归、聚类等大数据分析算法基础知识
5. 研究开发	5.1 工业 APP 设计	5.1.1 能对工业 APP 的应用场景进行需求分析 5.1.2 能根据需求分析，进行工业 APP 界面、功能模块、数据库等设计 5.1.3 能制订工业 APP 开发规划	5.1.1 软件原型设计工具知识 5.1.2 实体关系图、统一建模语言知识 5.1.3 工业 APP 开发流程知识

续表

职业功能	工作内容	专业能力要求	相关知识要求
5. 研究开发	5.2 工业 APP 开发	5.2.1 能根据工业 APP 的设计方案，基于微服务架构，进行工业 APP 开发 5.2.2 能对工业 APP 进行功能、性能等测试验证 5.2.3 能完成工业 APP 的部署、调试、发布	5.2.1 开发语言基础知识 5.2.2 软件生命周期知识 5.2.3 微服务架构知识 5.2.4 容器知识 5.2.5 前端开发技术知识 5.2.6 工业 APP 测试流程知识
6. 服务应用	6.1 工业互联网标识解析服务应用	6.1.1 能根据标识编码规则、分配规则、管理规则等，对产品、设备等物理资源和工艺、流程等虚拟资源进行标识编码 6.1.2 能对物理资源和虚拟资源进行元数据描述、标识注册和标识解析	6.1.1 标识数据管理知识 6.1.2 标识解析应用体系知识
	6.2 平台推广	6.2.1 能面向企业进行设备管理、生产过程管控、资源配置协同、企业运营管理等工业互联网平台应用需求分析 6.2.2 能结合企业需求与应用场景特点，编写工业互联网平台应用解决方案	6.2.1 工业互联网平台应用场景 6.2.2 工业互联网平台商业模式类型知识
	6.3 咨询服务	6.3.1 能进行工业互联网术语解释 6.3.2 能完成工业互联网项目需求调研 6.3.3 能使用需求调研信息，完成工业互联网咨询服务项目方案的编制	6.3.1 工业互联网概念、内涵 6.3.2 工业互联网应用模式知识 6.3.3 工业互联网项目调研方法

3.3 高级

工程应用方向职业功能包括规划设计、工程实施、数据服务，设计开发方向职业功能包括规划设计、工程实施、研究开发。

职业功能	工作内容	专业能力要求	相关知识要求
1. 规划设计	1.1 网络互联规划设计	1.1.1 能进行企业网络建设调研，编写企业网络现状评估报告 1.1.2 能对企业整体网络架构进行规划设计，包括工厂内部不同层级网络互联架构，以及工厂与外部设计、制造、供应链、用户等产业链各环节之间的互联架构 1.1.3 能开展新型网络技术的应用研究，并制订现有网络架构的升级规划	1.1.1 大型网络基础设施架构设计规范知识 1.1.2 时间敏感网络、软件定义网络等新型网络技术知识
	1.2 数据互通规划设计	1.2.1 能根据企业信息共享需求，编写企业信息系统间数据互通方案 1.2.2 能进行工业互联网平台与标识解析系统数据交互方案规划设计 1.2.3 能编写异构标识互操作方案	1.2.1 企业信息系统知识 1.2.2 异构标识互操作知识 1.2.3 标识解析安全风险模型建模知识
	1.3 安全防护规划设计	1.3.1 能规划设计工业互联网安全防护风险评估体系 1.3.2 能规划设计工厂内网、外网、数据中心等典型网络安全架构 1.3.3 能基于人工智能技术、区块链技术、可信计算技术、零信任架构技术，规划设计工业互联网数据安全防护体系 1.3.4 能规划设计工业互联网数据运营安全防护体系 1.3.5 能完成常用数据库安全防护设计 1.3.6 能完成工业 APP 安全防护设计 1.3.7 能规划设计安全防护与保障技术体系、安全管理体系、应急响应体系 1.3.8 能针对工业安全的主流攻击方式，制订安全事件应急管理体系框架、流程和应急预案	1.3.1 工业互联网安全风险评估方案、工具、流程知识 1.3.2 数据安全管理知识 1.3.3 区块链、可信计算等基础知识 1.3.4 工业互联网资产安全风险等级分析与评估知识 1.3.5 工业互联网安全防护管理体系知识 1.3.6 安全事件应急管理体系框架和流程知识

续表

职业功能	工作内容	专业能力要求	相关知识要求
1. 规划设计	1.4 企业数字化转型规划	1.4.1 能开展企业数字化水平调研 1.4.2 能评估企业数字化水平，编写企业数字化水平评估报告 1.4.3 能围绕企业提质、增效、降本、减存、安全生产等诉求，编写企业数字化转型方案	1.4.1 数字化转型知识 1.4.2 数字化转型典型案例知识
2. 工程实施	2.1 网络互联集成	2.1.1 能完成工厂内网与外网互联集成 2.1.2 能指导开展应用新型网络技术的网络升级	2.1.1 广域网知识 2.1.2 专网知识
	2.2 数据互通集成	2.2.1 能根据企业信息系统间数据互通方案，完成信息系统间互通集成 2.2.2 能对工业互联网平台与标识解析系统，通过开放的应用程序接口进行对接，并进行数据交互 2.2.3 能指导开展异构标识互操作实施	2.2.1 信息系统接口知识 2.2.2 应用程序接口开发知识
	2.3 安全防护实施	2.3.1 能根据工业互联网安全体系开展安全防护的风险评估工作 2.3.2 能解决工厂生产管控信息系统、工业互联网平台、工业边缘云平台等互联互通过程中产生的安全防护集成问题 2.3.3 能对研发设计类、生产制造类、运行维护类、经营管理类等数据进行分类安全防护 2.3.4 能从数据采集、数据传输、数据存储、数据使用等数据全生命周期各环节对数据进行分级安全防护策略配置	2.3.1 数据全生命周期知识 2.3.2 工业数据分类分级知识 2.3.3 安全项目工程管理知识

续表

职业功能	工作内容	专业能力要求	相关知识要求
3. 数据服务	3.1 工业大数据分析	3.1.1 能针对工业生产、运营等实际问题，定义大数据分析问题，制订工业大数据分析方案 3.1.2 能制订分析模型与机理模型的集成技术方案 3.1.3 能制订分析模型的技术测试方案、业务验证方案 3.1.4 能设计分析模型的开发与运维一体化机制，实现分析模型的全生命周期管理	3.1.1 数学建模知识 3.1.2 分析模型的开发与运维一体化知识 3.1.3 分析模型测试知识
	3.2 数据运营管理	3.2.1 能根据业务需求，规划、运营产业链和供应链资产数据，形成数据资产的业务模式 3.2.2 能制订数据资产管理方案 3.2.3 能制订数据资产使用风险预案	3.2.1 数据运营知识 3.2.2 数据资产管理知识
	3.3 标识数据共享服务	3.3.1 能根据标识节点建设规范，结合标识节点建设情况，编写标识节点间数据共享的建设方案 3.3.2 能结合标识节点建设情况和业务需求，制订行业级标识数据规范 3.3.3 能开展标识数据互操作的业务模式规划	3.3.1 标识节点建设规范知识 3.3.2 标识数据规范知识
4. 研究开发	4.1 机理模型建模	4.1.1 能基于某一领域，进行机理模型需求分析 4.1.2 能配合工业专业工程师，研究建立机理模型	4.1.1 机理模型概念知识 4.1.2 机理模型建模方法
	4.2 行业算子库研发	4.2.1 能开展行业算子库的需求分析 4.2.2 能根据算子库需求分析，进行算子的设计与开发	4.2.1 算子库知识 4.2.2 工业设备工作原理知识

续表

职业功能	工作内容	专业能力要求	相关知识要求
4. 研究开发	4.3 工业互联网平台架构设计	4.3.1 能根据行业、企业特色进行工业互联网平台建设需求分析 4.3.2 能根据平台建设需求进行工业互联网平台架构设计 4.3.3 能根据业务需求，对工业大数据系统、工业数据建模框架等进行选型 4.3.4 能编写工业互联网平台部署方案	4.3.1 行业特点知识 4.3.2 工业互联网平台构建知识
	4.4 工业互联网平台开发	4.4.1 能运用平台开发环境进行功能模块开发 4.4.2 能将模型、算法等封装成组件 4.4.3 能进行工业互联网平台系统测试	4.4.1 开发环境知识 4.4.2 工业 PaaS 知识
	4.5 标识解析系统架构设计	4.5.1 能完成行业级、企业级标识解析系统建设需求分析 4.5.2 能基于工业互联网标识解析体系架构，编写行业级、企业级标识解析系统设计方案 4.5.3 能根据标识解析系统设计方案，编写标识解析系统部署方案	4.5.1 标识解析系统架构知识 4.5.2 标识解析系统构建知识
	4.6 标识解析系统开发	4.6.1 能进行标识分码、赋码、注册、解析等核心功能开发 4.6.2 能进行标识解析系统功能测试 4.6.3 能实现与工业企业信息系统的集成开发	4.6.1 标识分码、赋码知识 4.6.2 标识解析系统测试规范知识

4. 权重表

4.1 理论知识权重表

项目 \ 专业技术等级		初级（%）	中级（%）		高级（%）	
			工程应用方向	设计开发方向	工程应用方向	设计开发方向
基本要求	职业道德	5	5	5	5	5
	基础知识	20	15	15	10	10
相关知识要求	规划设计	—	20	15	30	20
	工程实施	35	20	20	30	15
	运行维护	30	15	—	—	—
	数据服务	—	20	—	25	—
	研究开发	—	—	45	—	50
	服务应用	10	5	—	—	—
合计		100	100	100	100	100

4.2 专业能力要求权重表

项目 \ 专业技术等级		初级（%）	中级（%）		高级（%）	
			工程应用方向	设计开发方向	工程应用方向	设计开发方向
专业能力要求	规划设计	—	25	15	35	25
	工程实施	45	25	25	35	15
	运行维护	35	15	—	—	—
	数据服务	—	25	—	30	—
	研究开发	—	—	60	—	60
	服务应用	20	10	—	—	—
合计		100	100	100	100	100

5. 附录

中英文术语对照表

序号	英文	中文
1	MQTT (message queuing telemetry transport)	消息队列遥测传输是 ISO 标准 (ISO/IEC PRF 20922) 下基于发布/订阅范式的消息协议，工作在 TCP/IP 协议族上
2	OPC UA [object linking and embedding (OLE) for process controls (OPC) unified architecture]	OPC 统一架构是在 OPC 技术基础上，将 OPC 实时数据访问规范 (OPC DA)、OPC 历史数据访问规范 (OPC HDA)、OPC 报警事件访问规范 (OPC A&E)、OPC 安全协议 (OPC Security) 等 OPC 功能统一集成在架构中，具有安全性、可靠性、高可用性、平台独立性和可伸缩性
3	RFID (radio frequency identification)	射频识别是一种通信技术，可通过无线电讯号识别特定目标并读写相关数据，而无须识别系统与特定目标之间建立机械或光学接触
4	Linux	一种计算机操作系统
5	PaaS (platform as a service)	平台即服务，是将应用服务的运行和开发环境作为一种服务提供的商业模式
6	SaaS (software as a service)	软件即服务，是一种通过互联网提供软件的模式，厂商将应用软件统一部署在服务器上，客户可以根据实际需求，通过互联网向厂商定购所需的应用软件服务
7	APP	满足特定需求的应用软件

虚拟现实工程技术人员国家职业技术技能标准

（2021 年版）

1. 职业概况

1.1 职业名称

虚拟现实工程技术人员

1.2 职业编码

2-02-10-14

1.3 职业定义

使用虚拟现实引擎及相关工具，进行虚拟现实产品的策划、设计、编码、测试、维护和服务的工程技术人员。

1.4 专业技术等级

本职业共设三个等级，分别为初级、中级、高级。

初级、中级、高级均设两个职业方向：虚拟现实应用开发、虚拟现实内容设计。

1.5 职业环境条件

室内，常温。

1.6 职业能力特征

具有较强的学习能力、理解能力、沟通能力、分析能力、计算能力；具有较好的空间感。

1.7 普通受教育程度

大学专科学历（或高等职业学校毕业）。

1.8 职业培训要求

1.8.1 培训时间

虚拟现实工程技术人员需按照本《标准》的职业要求参加有关课程培训，完成规定学时，取得学时证明。初级 120 标准学时，中级 100 标准学时，高级 100 标准学时。

1.8.2 培训教师

承担初级、中级理论知识或专业能力培训任务的人员，应具有相关职业中级及以上专业技术等级或相关专业中级及以上职称。

承担高级理论知识或专业能力培训任务的人员，应具有相关职业高级专业技术等级或相关专业高级职称。

1.8.3 培训场所设备

理论知识培训在标准教室或线上平台进行；专业能力培训在具有相应软、硬件条件的培训场所进行。

1.9 专业技术考核要求

1.9.1 申报条件

——取得初级培训学时证明，并具备以下条件之一者，可申报初级专业技术等级：

（1）取得技术员职称。

（2）具备相关专业大学本科及以上学历（含在读的应届毕业生）。

（3）具备相关专业大学专科学历，从事本职业技术工作满1年。

（4）技工院校毕业生按国家有关规定申报。

——取得中级培训学时证明，并具备以下条件之一者，可申报中级专业技术等级：

（1）取得助理工程师职称后，从事本职业技术工作满2年。

（2）具备大学本科学历，或学士学位，或大学专科学历，取得初级专业技术等级后，从事本职业技术工作满3年。

（3）具备硕士学位或第二学士学位，取得初级专业技术等级后，从事本职业技术工作满1年。

（4）具备相关专业博士学位。

（5）技工院校毕业生按国家有关规定申报。

——取得高级培训学时证明，并具备以下条件之一者，可申报高级专业技术等级：

（1）取得工程师职称后，从事本职业技术工作满3年。

（2）具备硕士学位，或第二学士学位，或大学本科学历，或学士学位，取得中级专业技术等级后，从事本职业技术工作满4年。

（3）具备博士学位，取得中级专业技术等级后，从事本职业技术工作满1年。

（4）技工院校毕业生按国家有关规定申报。

1.9.2 考核方式

分为理论知识考试以及专业能力考核。理论知识考试、专业能力考核均实行百分制，成绩皆达60分（含）以上者为合格。考核合格者获得相应专业技术等级证书。

理论知识考试以闭卷笔试、机考等方式为主，主要考核从业人员从事本职业应掌握的基本知识和相关知识要求；专业能力考核以开卷实操考试、上机实践等方式为主，主要考核从业人员从事本职业应达到的技术水平。

1.9.3 监考人员、考评人员与考生配比

理论知识考试中的监考人员与考生配比不低于 1∶15，且每个考场不少于 2 名监考人员；专业能力考核中的考评人员与考生配比不低于 1∶5，且考评人员为 3 人（含）以上单数。

1.9.4 考核时间

理论知识考试时间不少于 90 分钟；专业能力考核时间不少于 150 分钟。

1.9.5 考核场所设备

理论知识考试在标准教室进行；专业能力考核在具有相应软、硬件条件的考核场所进行。

2. 基本要求

2.1 职业道德

2.1.1 职业道德基本知识

2.1.2 职业守则

（1）爱岗敬业，忠于职守。
（2）勤奋进取，精通业务。
（3）遵守法律，团结协作。
（4）爱护设备，安全操作。
（5）诚实守信，讲求信誉。
（6）精益求精，严谨科学。

2.2 基础知识

2.2.1 计算机软件知识

（1）操作系统基础。
（2）计算机网络基础。
（3）计算机图形学。
（4）软件开发和测试基础。

2.2.2 美术知识

（1）平面设计。
（2）三维设计。
（3）构图与造型。

（4）视觉传达。

2.2.3 虚拟现实基础知识

（1）虚拟现实引擎技术。
（2）虚拟现实硬件结构、原理与技术指标。
（3）人机交互基础。
（4）虚拟现实系统的典型应用。

2.2.4 信息系统管理知识

（1）信息系统维护。
（2）信息系统评价。
（3）知识产权保护。
（4）质量管理。
（5）信息系统项目管理。

2.2.5 相关法律、法规与标准知识

（1）《中华人民共和国劳动法》相关知识。
（2）《中华人民共和国民法典》相关知识。
（3）《中华人民共和国安全生产法》相关知识。
（4）《中华人民共和国网络安全法》相关知识。
（5）《中华人民共和国个人信息保护法》相关知识。
（6）《中华人民共和国专利法》相关知识。
（7）《计算机软件保护条例》相关知识。
（8）虚拟现实相关国家技术标准。

3. 工作要求

本标准对初级、中级、高级的专业能力和相关知识要求依次递进，高级别涵盖低级别的要求。

3.1 初级

虚拟现实应用开发方向的职业功能包括搭建虚拟现实系统、开发虚拟现实应用、管理虚拟现实项目；虚拟现实内容设计方向的职业功能包括搭建虚拟现实系统、设计虚拟现实内容、管理虚拟现实项目。

职业功能	工作内容	专业能力要求	相关知识要求
1. 搭建虚拟现实系统	1.1 搭建硬件系统	1.1.1 能操作和维护常见的虚拟现实设备 1.1.2 能依据开放要求对系统区域的交互设备进行规划布置 1.1.3 能规划设备位置及布线 1.1.4 能排查常见虚拟现实硬件系统的故障	1.1.1 虚拟现实硬件使用和维护知识 1.1.2 虚拟现实交互系统知识 1.1.3 虚拟现实硬件故障排查知识
	1.2 部署软件系统	1.2.1 能安装常见虚拟现实系统的软件运行环境 1.2.2 能配置多人联网系统的网络环境 1.2.3 能根据软件部署方案，安装虚拟现实软件，并进行现场调试	1.2.1 操作系统安装及操作知识 1.2.2 计算机网络配置知识 1.2.3 虚拟现实设备驱动安装调试知识
2. 开发虚拟现实应用	2.1 开发应用程序	2.1.1 能使用虚拟现实引擎及相关工具实现基础交互功能 2.1.2 能接入常见的虚拟现实显示设备 2.1.3 能使用编程、调试工具调试代码 2.1.4 能使用软件编号管理更新软件的版本	2.1.1 计算机软件编程基础知识 2.1.2 虚拟现实引擎及相关工具知识 2.1.3 虚拟现实显示设备应用开发知识
	2.2 测试应用	2.2.1 能根据测试用例，对应用进行接口、功能、压力等黑盒测试 2.2.2 能根据测试用例，对代码进行逻辑、分支等白盒测试 2.2.3 能根据测试结果，编写软件测试报告 2.2.4 能搭建虚拟现实系统测试环境	2.2.1 计算机软件测试基础知识 2.2.2 虚拟现实系统测试环境搭建方法
3. 设计虚拟现实内容	3.1 采集数据	3.1.1 能根据要求对采集设备进行选型 3.1.2 能使用常用采集设备进行数据采集工作 3.1.3 能编辑数据，并导出、迁移至数据处理软件	3.1.1 数码相机、三维扫描仪等采集设备的使用方法 3.1.2 三维数据表示基本知识

续表

职业功能	工作内容	专业能力要求	相关知识要求
3. 设计虚拟现实内容	3.2 制作三维模型	3.2.1 能使用软件创建基本几何体 3.2.2 能使用软件的样条线工具制作简单造型 3.2.3 能使用软件创建多边形网格模型 3.2.4 能使用软件进行几何体的布尔、放样等运算 3.2.5 能导入、导出、合并不同格式模型	3.2.1 软件中几何体制作相关知识 3.2.2 软件中线条工具相关知识 3.2.3 多边形建模工具相关知识 3.2.4 软件三维模型运算相关知识 3.2.5 三维模型管理相关知识
	3.3 制作材质	3.3.1 能命名、赋予、删除模型的材质 3.3.2 能链接不同类型贴图与材质通道 3.3.3 能使用软件对材质进行编辑	3.3.1 材质命名规则 3.3.2 材质通道和贴图属性相关知识 3.3.3 软件材质编辑器参数知识
	3.4 处理图像	3.4.1 能使用图像处理软件导入并修改图片基本参数 3.4.2 能使用图像处理软件拼接、裁切图片 3.4.3 能使用图像处理软件调整图片格式和颜色模式	3.4.1 计算机图像参数相关知识 3.4.2 图片拼合裁剪相关知识 3.4.3 图片格式相关知识 3.4.4 计算机颜色模式相关知识
	3.5 创建与渲染场景	3.5.1 能将三维模型、贴图等素材导入虚拟现实引擎及相关工具 3.5.2 能使用虚拟现实引擎及相关工具创建场景文件 3.5.3 能使用虚拟现实引擎及相关工具设置三维模型的 LOD① 数值 3.5.4 能使用虚拟现实引擎及相关工具创建摄像机和修改相关参数 3.5.5 能使用虚拟现实引擎及相关工具创建、分类、管理各项美术资源	3.5.1 虚拟现实引擎及相关工具资源管理知识 3.5.2 LOD 相关知识 3.5.3 虚拟现实场景创建方法 3.5.4 虚拟相机使用知识

① 本标准涉及术语定义详见附录。

续表

职业功能	工作内容	专业能力要求	相关知识要求
4. 管理虚拟现实项目	4.1 对接项目需求	4.1.1 能根据团队既定计划，收集市场目标信息 4.1.2 能根据与客户沟通反馈的情况，整理需求文档 4.1.3 能根据销售团队要求，制作宣讲材料	4.1.1 市场调研知识 4.1.2 虚拟现实行业背景知识
	4.2 设计解决方案	4.2.1 能收集客户技术问题，并进行整理归纳 4.2.2 能参考已有的项目解决方案，调整制定具体的解决方案	4.2.1 虚拟现实基础理论知识 4.2.2 虚拟现实行业应用知识
	4.3 管理项目进程	4.3.1 能根据项目计划，跟踪项目进展 4.3.2 能与需求方保持沟通，及时反馈项目情况 4.3.3 能根据验收要求，进行项目交付验收检查	4.3.1 项目管理基础知识 4.3.2 人员沟通和协调技巧

3.2 中级

虚拟现实应用开发方向的职业功能包括搭建虚拟现实系统、开发虚拟现实应用、优化虚拟现实效果、管理虚拟现实项目；虚拟现实内容设计方向的职业功能包括搭建虚拟现实系统、设计虚拟现实内容、优化虚拟现实效果、管理虚拟现实项目。

职业功能	工作内容	专业能力要求	相关知识要求
1. 搭建虚拟现实系统	1.1 搭建硬件系统	1.1.1 能根据项目需求和虚拟现实硬件适用范围，确认硬件选型方案 1.1.2 能依据现场环境和硬件配置清单，制定工程实施方案 1.1.3 能针对多人系统，制定组网规划方案 1.1.4 能根据现场施工情况，进行故障处理指导 1.1.5 能通过现有设备集成的方式，配置虚拟现实硬件系统	1.1.1 常见虚拟现实硬件现状及优缺点 1.1.2 组网规划知识

续表

职业功能	工作内容	专业能力要求	相关知识要求
1. 搭建虚拟现实系统	1.2 部署软件系统	1.2.1 能根据应用需求，制定虚拟现实软件部署方案 1.2.2 能根据硬件性能，对虚拟现实软件进行配置和调优 1.2.3 能批量安装虚拟现实软件	1.2.1 软件系统备份还原知识 1.2.2 常见操作系统和平台的虚拟现实软件后台配置指令 1.2.3 应用软件批量安装知识
2. 开发虚拟现实应用	2.1 开发应用程序	2.1.1 能根据源代码级软件架构，开发各功能模块接口 2.1.2 能根据流程图，梳理代码逻辑，优化接口及功能模块 2.1.3 能对软件工程进行合并和迁移，实现不同工程之间代码的复用 2.1.4 能使用虚拟现实引擎及相关工具实现多人联网交互 2.1.5 能针对同一类型的功能需求，开发虚拟现实引擎及相关工具通用插件 2.1.6 能接入除虚拟现实显示设备以外的其他虚拟现实外设	2.1.1 接口开发知识 2.1.2 程序流程图知识 2.1.3 工程代码管理知识 2.1.4 多人系统开发知识 2.1.5 虚拟现实引擎及相关工具插件开发知识 2.1.6 虚拟现实外设接口开发知识
	2.2 测试应用	2.2.1 能根据测试需求，制定相应的测试用例 2.2.2 能根据测试需求，开发测试脚本 2.2.3 能搭建多人系统测试环境，完成多人联网系统的测试	2.2.1 测试用例知识 2.2.2 测试脚本开发知识 2.2.3 多人联网软件测试知识
3. 设计虚拟现实内容	3.1 采集数据	3.1.1 能处理不同类型的原始数据 3.1.2 能修补点云数据，并转换为模型 3.1.3 能使用相机获取制作三维模型材质的参考图片 3.1.4 能修补正视/斜视拍摄数据，并转换为模型	3.1.1 原始数据处理方式 3.1.2 点云数据相关知识 3.1.3 材质参考图片制作方式 3.1.4 正视/斜视拍摄数据相关知识

续表

职业功能	工作内容	专业能力要求	相关知识要求
3. 设计虚拟现实内容	3.2 制作三维模型	3.2.1 能使用软件的各种修改器命令制作模型 3.2.2 能使用多边形建模工具制作硬表面模型 3.2.3 能制作三维模型中的高面数、高细节度模型 3.2.4 能使用拓扑工具制作低面数三维模型 3.2.5 能使用 UV 工具对模型进行 UV 展平及分配	3.2.1 软件修改器相关知识 3.2.2 硬表面模型制作知识 3.2.3 高低模制作知识 3.2.4 UV 展开工具相关知识
	3.3 制作材质	3.3.1 能针对不同模型规划和制作多维子材质 3.3.2 能使用贴图制作工具烘焙法线、高度、环境遮挡贴图 3.3.3 能使用贴图制作软件制作标准 PBR 流程材质贴图 3.3.4 能使用材质制作软件输出各引擎材质模板预设贴图	3.3.1 多维子材质制作知识 3.3.2 贴图烘焙知识 3.3.3 PBR 制作流程知识 3.3.4 虚拟现实引擎及相关工具材质标准相关知识
	3.4 处理图像	3.4.1 能使用图像处理软件创建并调整图层、通道和蒙版 3.4.2 能使用图像处理软件完成选区、抠图、调色 3.4.3 能使用图像处理软件的画笔、钢笔工具绘制图像 3.4.4 能使用图像处理软件的图层叠加模式合成图像 3.4.5 能使用图像处理软件的滤镜功能进行图像编辑	3.4.1 图层、通道、蒙版使用知识 3.4.2 选区、抠图、调色相关知识 3.4.3 画笔、钢笔等绘制工具知识 3.4.4 图层叠加相关知识 3.4.5 滤镜功能使用知识

续表

职业功能	工作内容	专业能力要求	相关知识要求
3. 设计虚拟现实内容	3.5 创建与渲染场景	3.5.1 能使用虚拟现实引擎及相关工具的地形编辑系统制作不同地形 3.5.2 能使用虚拟现实引擎及相关工具绘制不同地表和植被 3.5.3 能使用虚拟现实引擎及相关工具搭建各种类型的光照环境 3.5.4 能使用虚拟现实引擎及相关工具的材质编辑器绘制标准 PBR 材质效果 3.5.5 能使用虚拟现实引擎及相关工具烘焙静态光照效果 3.5.6 能使用虚拟现实引擎及相关工具的物理属性功能模拟风力、重力 3.5.7 能使用虚拟现实引擎及相关工具设置碰撞和可行走区域 3.5.8 能使用虚拟现实引擎及相关工具设置不同样式的天空盒	3.5.1 虚拟现实引擎及相关工具地形编辑器使用知识 3.5.2 虚拟现实引擎及相关工具地表和植被系统知识 3.5.3 虚拟现实引擎及相关工具光照系统知识 3.5.4 PBR 材质使用知识 3.5.5 静态光照贴图烘焙知识 3.5.6 虚拟现实引擎及相关工具物理模块使用知识 3.5.7 虚拟现实引擎及相关工具碰撞体相关知识 3.5.8 虚拟现实引擎及相关工具天空设置相关知识
	3.6 制作特效	3.6.1 能使用虚拟现实引擎及相关工具制作特效材质 3.6.2 能使用虚拟现实引擎及相关工具的粒子特效系统调节粒子参数 3.6.3 能使用虚拟现实引擎及相关工具设置大气雾和指数雾等雾效	3.6.1 特效材质相关知识 3.6.2 粒子系统相关知识 3.6.3 雾效设置相关知识
	3.7 设计用户界面	3.7.1 能使用图像处理软件绘制图标、按钮、滑杆等素材 3.7.2 能将用户界面图片素材切片并导入虚拟现实引擎及相关工具 3.7.3 能根据项目风格，绘制不同类型的用户界面素材	3.7.1 图标绘制相关知识 3.7.2 图像素材导入导出相关知识 3.7.3 用户界面风格化知识
	3.8 制作动画	3.8.1 能使用软件制作适配模型的骨骼系统 3.8.2 能使用软件对模型进行绑定、蒙皮等操作 3.8.3 能使用软件制作行走、跑步、跳等动作 3.8.4 能将动作数据分段导出和导入	3.8.1 骨骼绑定系统相关知识 3.8.2 蒙皮系统相关知识 3.8.3 人体动力学动画基础知识 3.8.4 关键帧制作相关知识 3.8.5 动作文件导入导出相关知识

续表

职业功能	工作内容	专业能力要求	相关知识要求
4. 优化虚拟现实效果	4.1 视觉表现	4.1.1 能针对美术表现需求编写相应着色器 4.1.2 能围绕美术内容制作相应插件和工具	4.1.1 三维建模软件使用知识 4.1.2 图像处理软件和材质制作软件使用知识 4.1.3 着色器、渲染管线等知识
	4.2 优化性能	4.2.1 能使用分析工具和数据表格分析内容，选择优化性能的方案 4.2.2 能根据项目需求制定降低场景复杂度方案	虚拟现实引擎及相关工具优化应用相关知识
5. 管理虚拟现实项目	5.1 对接项目需求	5.1.1 能向市场宣传、介绍典型项目案例 5.1.2 能与业务部门合作挖掘客户需求	5.1.1 市场推广知识 5.1.2 虚拟现实行业发展知识
	5.2 设计解决方案	5.2.1 能依据技术解决方案，解答客户技术咨询问题 5.2.2 能根据项目需求，在产品功能和技术架构相关技术文档基础上调整输出解决方案 5.2.3 能进行项目演示和项目方案讲解	5.2.1 虚拟现实技术体系知识 5.2.2 项目宣讲知识
	5.3 管理项目进程	5.3.1 能向团队成员传达项目策划案的内容，并协调各岗位之间的工作 5.3.2 能根据测试结果，组织人员对测试缺陷进行技术攻关 5.3.3 能结合业务情况组织项目交付	5.3.1 质量控制知识 5.3.2 项目交付知识
	5.4 指导与培训	5.4.1 能整理产品使用手册，组织使用人员参与操作培训 5.4.2 能依据技术培训材料，针对相关从业人员开展专业能力培训	5.4.1 产品使用手册编写方法 5.4.2 技术教学方法

3.3 高级

虚拟现实应用开发方向的职业功能包括搭建虚拟现实系统、开发虚拟现实应用、优化虚拟现实效果、管理虚拟现实项目；虚拟现实内容设计方向的职业功能包括搭建虚拟现实系统、设计虚拟现实内容、优化虚拟现实效果、管理虚拟现实项目。

职业功能	工作内容	专业能力要求	相关知识要求
1. 搭建虚拟现实系统	1.1 搭建硬件系统	1.1.1 能根据安全施工规范，整体规划硬件设施安全方案 1.1.2 能根据硬件系统类型，制定统一的施工要求 1.1.3 能根据不同硬件设施，制定故障处理规范及流程 1.1.4 能对虚拟现实显示设备进行标准化测试 1.1.5 能搭建大范围增强现实交互环境 1.1.6 能使用增强现实设备，并集成增强现实硬件系统	1.1.1 信息系统安全施工规范 1.1.2 典型虚拟现实硬件系统知识 1.1.3 故障管理知识 1.1.4 虚拟现实硬件相关标准 1.1.5 大范围增强现实交互系统知识 1.1.6 增强现实设备标定、跟踪定位等基础知识
	1.2 部署软件系统	1.2.1 能根据权限安全规范审核源码，制定软件权限安全方案 1.2.2 能为软件开发部门提供整体规划软件开发、配置及扩展方案意见 1.2.3 能根据软件特点，制定软件升级策略 1.2.4 能根据调试结果，制定软件部署优化方案	1.2.1 软件权限安全规范 1.2.2 虚拟现实应用开发基础知识 1.2.3 虚拟性现实软件系统运营、升级知识 1.2.4 虚拟现实软件相关标准
2. 开发虚拟现实应用	2.1 开发应用程序	2.1.1 能根据应用软件开发需求，设计系统架构 2.1.2 能对软件最终效果进行优化，提升软件运行效率 2.1.3 能针对典型的业务需求，提炼出相应的软件工程模板 2.1.4 能制定软件开发规范，统一项目组内的编程规范 2.1.5 能通过修改源码，定制虚拟现实引擎及相关工具编辑器 2.1.6 能接入增强现实设备，定制开发增强现实应用程序	2.1.1 软件架构设计知识 2.1.2 软件优化知识 2.1.3 设计模式知识 2.1.4 软件开发相关标准 2.1.5 虚拟现实引擎及相关工具编辑器扩展相关知识 2.1.6 增强现实软件开发知识

续表

职业功能	工作内容	专业能力要求	相关知识要求
2. 开发虚拟现实应用	2.2 测试应用	2.2.1 能根据项目进度，制订软件测试计划 2.2.2 能根据测试计划，协调人力、设备等测试资源 2.2.3 能根据测试计划，管控软件缺陷和软件配置项 2.2.4 能根据性能需求，进行系统深度性能优化测试	2.2.1 软件配置项管理知识 2.2.2 软件性能测试知识 2.2.3 软件测试相关标准
	2.3 与第三方系统的数据交互	2.3.1 能通过 TCP、UDP 等常用通信接口与第三方系统通信 2.3.2 能根据第三方系统数据格式制定通信协议	2.3.1 计算机网络数据通信知识 2.3.2 数据结构知识
3. 设计虚拟现实内容	3.1 采集数据	3.1.1 能针对不同项目需求编辑原始数据 3.1.2 能使用全景相机进行全景视频数据采集 3.1.3 能对数据进行分类存储并制定对应调用方案 3.1.4 能采用先进数字角色采集技术进行数字人资产采集	3.1.1 数字资产调整相关知识 3.1.2 全景视频录制相关知识 3.1.3 数字资产类型管理相关知识 3.1.4 数字角色采集技术相关知识
	3.2 制作三维模型	3.2.1 能使用数字雕刻软件制作复杂造型模型 3.2.2 能使用三维建模软件制作生物类型三维模型 3.2.3 能使用各种建模软件的插件制作特殊需求的三维模型 3.2.4 能设计制作 LOD 模型 3.2.5 能规划三维模型资产制作流程方案和规范标准	3.2.1 数字雕刻软件使用知识 3.2.2 生物模型制作要求 3.2.3 三维建模插件使用相关知识 3.2.4 LOD 模型设计制作相关知识 3.2.5 三维模型资产制作流程方案和规范标准制定相关知识
	3.3 制作材质	3.3.1 能制作水面材质并且表现出水面的反光和折射等属性 3.3.2 能制作具有次表面散射属性的材质 3.3.3 能制作具有自发光属性的材质	3.3.1 水面材质制作相关知识 3.3.2 次表面散射材质相关知识 3.3.3 自发光材质制作相关知识

续表

职业功能	工作内容	专业能力要求	相关知识要求
3.设计虚拟现实内容	3.4 处理图像	3.4.1 能使用图像处理软件调整不同风格图片 3.4.2 能使用图像处理软件调整和编辑法线、高度等类型贴图 3.4.3 能使用图像处理软件对三维渲染图片进行后期加工 3.4.4 能使用图像处理软件制作虚拟现实项目宣传图片	3.4.1 图像风格化处理相关知识 3.4.2 法线、高度等类型贴图相关知识 3.4.3 图片后期处理相关知识
	3.5 创建与渲染场景	3.5.1 能使用虚拟现实引擎及相关工具搭建、编辑各种风格的场景 3.5.2 能使用虚拟现实引擎及相关工具进行后期处理 3.5.3 能使用虚拟现实引擎及相关工具管理和优化美术资源 3.5.4 能使用虚拟现实引擎及相关工具的材质编辑器制作复杂材质	3.5.1 三维场景风格化相关知识 3.5.2 虚拟现实引擎及相关工具后期处理模块相关知识 3.5.3 美术资源使用、管理和优化相关知识 3.5.4 虚拟现实引擎及相关工具材质系统相关知识
	3.6 制作特效	3.6.1 能使用虚拟现实引擎及相关工具模拟火焰、火光等特效 3.6.2 能使用虚拟现实引擎及相关工具模拟水面、瀑布、油等特效 3.6.3 能使用虚拟现实引擎及相关工具模拟爆炸、破碎等动态效果 3.6.4 能使用虚拟现实引擎及相关工具制作下雨、闪电、暴风雪等特效	3.6.1 火焰特效制作知识 3.6.2 液体特效制作知识 3.6.3 物理属性特效制作知识 3.6.4 天气系统制作知识
	3.7 设计用户界面	3.7.1 能设计静态交互界面和动态交互界面 3.7.2 能分析用户使用软件习惯，并制定相应用户界面方案	3.7.1 虚拟现实引擎及相关工具UI状态相关知识 3.7.2 用户体验与用户界面设计相关知识
	3.8 制作动画	3.8.1 能使用虚拟现实引擎及相关工具分割、调用动画文件 3.8.2 能使用动作捕捉设备获取三维数据，并驱动动画 3.8.3 能规划项目动画方案	3.8.1 虚拟现实引擎及相关工具动画模块相关知识 3.8.2 动作捕捉设备相关知识 3.8.3 虚拟现实引擎及相关工具动画方案规划、脚本设计及制作知识

续表

职业功能	工作内容	专业能力要求	相关知识要求
4. 优化虚拟现实效果	4.1 视觉表现	4.1.1 能根据项目需求制定模型、材质等素材的原型设计方案 4.1.2 能根据项目风格实现底层渲染管线搭建	4.1.1 计算机图形学相关知识 4.1.2 脚本语言编写知识
	4.2 优化性能	4.2.1 能制定美术内容制作指南和工作流程 4.2.2 能根据项目情况在美术表现和程序代码之间找到最适用方案	4.2.1 实时渲染相关知识 4.2.2 计算机图形渲染软硬件工作原理
5. 管理虚拟现实项目	5.1 对接项目需求	5.1.1 能与业务部门合作引导客户需求 5.1.2 能挖掘行业普遍需求，提炼产品价值特征，整理竞品分析报告 5.1.3 能建立目标市场分析模型，对市场策略制定提出建议	5.1.1 系统需求分析知识 5.1.2 市场营销知识
	5.2 设计解决方案	5.2.1 能解决客户技术咨询难题，并提供技术解决方案 5.2.2 能根据产品功能设计和技术架构，输出产品的配套文档，并根据项目需求针对性设计解决方案 5.2.3 能参与项目架构设计与产品设计，并提出建设性意见	5.2.1 虚拟现实系统架构分析知识 5.2.2 虚拟现实产品设计知识
	5.3 管理项目进程	5.3.1 能根据实际情况完成项目策划，并输出项目策划方案 5.3.2 能协调各方资源，整体管控项目进度和质量 5.3.3 能识别各种风险，处理项目生命周期内的各种突发状况	5.3.1 项目策划知识 5.3.2 风险管控知识 5.3.3 虚拟现实引擎及相关工具和项目源码安全审查相关知识
	5.4 指导与培训	5.4.1 能制定技术人员培训方案 5.4.2 能编写技术培训材料 5.4.3 能对相关从业人员开展专业能力指导培训	5.4.1 培训方案制定方法 5.4.2 技术培训材料编写方法

4. 权重表

4.1　理论知识权重表

项目 \ 专业技术等级		初级（%）		中级（%）		高级（%）	
		虚拟现实应用开发方向	虚拟现实内容设计方向	虚拟现实应用开发方向	虚拟现实内容设计方向	虚拟现实应用开发方向	虚拟现实内容设计方向
基本要求	职业道德	5	5	5	5	5	5
	基础知识	20	20	20	20	15	15
相关知识要求	搭建虚拟现实系统	20	15	15	10	15	10
	开发虚拟现实应用	40	5	30	5	25	5
	设计虚拟现实内容	5	45	5	35	5	25
	优化虚拟现实效果	—	—	10	10	15	20
	管理虚拟现实项目	10	10	15	15	20	20
合计		100	100	100	100	100	100

4.2　专业能力要求权重表

项目 \ 专业技术等级		初级（%）		中级（%）		高级（%）	
		虚拟现实应用开发方向	虚拟现实内容设计方向	虚拟现实应用开发方向	虚拟现实内容设计方向	虚拟现实应用开发方向	虚拟现实内容设计方向
专业能力要求	搭建虚拟现实系统	30	25	25	20	20	15
	开发虚拟现实应用	55	—	45	—	30	—
	设计虚拟现实内容	—	60	—	45	—	30
	优化虚拟现实效果	—	—	10	15	20	25
	管理虚拟现实项目	15	15	20	20	30	30
合计		100	100	100	100	100	100

5. 附录

中英文术语对照表

序号	英文	中文
1	LOD（level of details）	多细节层次
2	UV	纹理贴图坐标
3	PBR（physically based rendering）	基于物理的渲染
4	UI（user interface）	用户界面

数字化管理师国家职业技术技能标准

（2021 年版）

1. 职业概况

1.1 职业名称

数字化管理师

1.2 职业编码

2-02-30-11

1.3 职业定义

使用数字化智能移动办公平台，进行企业或组织的人员架构搭建、运营流程维护、工作流协同、大数据决策分析、上下游在线化连接，实现企业经营管理在线化、数字化的人员。

1.4 专业技术等级

本职业共设三个等级，分别为初级、中级、高级。

1.5 职业环境条件

室内，常温。

1.6 职业能力特征

具有一定的学习能力、计算能力、表达能力及分析、推理和判断能力。

1.7 普通受教育程度

大学专科学历（或高等职业学校毕业）。

1.8 职业培训要求

1.8.1 培训时间

数字化管理师需按照本《标准》的职业要求参加有关课程培训，完成规定学时，取得学时证明。初级 60 标准学时，中级 90 标准学时，高级 120 标准学时。

1.8.2 培训教师

承担初级、中级理论知识或专业能力培训任务的人员，应具有相关职业中级及以上专业技术等级或相关专业中级及以上职称。

承担高级理论知识或专业能力培训任务的人员，应具有相关职业高级专业技术等级或相关专业高级职称。

1.8.3 培训场所设备

理论知识和专业能力培训所需场地为标准教室或线上平台，必备的教学仪器设备包括计算机、网络、软件及相关硬件设备。

1.9 专业技术考核要求

1.9.1 申报条件

——取得初级培训学时证明，并具备以下条件之一者，可申报初级专业技术等级：

（1）取得技术员职称。

（2）具备相关专业大学本科及以上学历（含在读的应届毕业生）。

（3）具备相关专业大学专科学历，从事本职业技术工作满1年。

（4）技工院校毕业生按国家有关规定申报。

——取得中级培训学时证明，并具备以下条件之一者，可申报中级专业技术等级：

（1）取得助理工程师职称后，从事本职业技术工作满2年。

（2）具备大学本科学历，或学士学位，或大学专科学历，取得初级专业技术等级后，从事本职业技术工作满3年。

（3）具备硕士学位或第二学士学位，取得初级专业技术等级后，从事本职业技术工作满1年。

（4）具备相关专业博士学位。

（5）技工院校毕业生按国家有关规定申报。

——取得高级培训学时证明，并具备以下条件之一者，可申报高级专业技术等级：

（1）取得工程师职称后，从事本职业技术工作满3年。

（2）具备硕士学位，或第二学士学位，或大学本科学历，或学士学位，取得中级专业技术等级后，从事本职业技术工作满4年。

（3）具备博士学位，取得中级专业技术等级后，从事本职业技术工作满1年。

（4）技工院校毕业生按国家有关规定申报。

1.9.2 考核方式

分为理论知识考试以及专业能力考核。理论知识考试、专业能力考核均实行百分制，成绩皆达60分（含）以上者为合格，考核合格者获得相应专业技术等级证书。

理论知识考试以闭卷笔试、机考等方式为主，主要考核从业人员从事本职业应掌握的基本要求和相关知识要求；专业能力考核以开卷实操考试、上机实践等方式为主，主要考核从业人员从事本职业应具备的技术水平。

1.9.3 监考人员、考评人员与考生配比

理论知识考试中的监考人员与考生配比不低于1∶15，且每个考场不少于2名监考人员；专业能力考核中的考评人员与考生配比不低于1∶5，且考评人员为3人（含）以上单数。

1.9.4 考核时间

理论知识考试时间不少于90分钟；专业能力考核时间：初级不少于90分钟，中级不少于100分钟，高级不少于120分钟。

1.9.5 考核场所设备

理论知识考试在标准教室内或线上平台进行；专业能力考核在配备符合相应等级专业技术考核的设备和工具（软件）系统等的实训场所、工作现场或线上平台进行。

2. 基本要求

2.1 职业道德

2.1.1 职业道德基本知识

2.1.2 职业守则

（1）遵守法律，保守秘密。
（2）尊重科学，客观公正。
（3）诚实守信，恪守职责。
（4）爱岗敬业，服务大众。
（5）勤奋进取，精益求精。
（6）团结协作，勇于创新。
（7）乐于奉献，廉洁自律。

2.2 基础知识

2.2.1 管理知识

（1）管理学基础知识。
（2）统计学基础知识。
（3）信息管理基础知识。
（4）项目管理知识。

2.2.2 软件与平台知识

（1）云计算基础知识。
（2）编程基础知识。
（3）数据库基础知识。

（4）产品运营基础知识。
（5）前端开发基础知识。
（6）软件测试基础知识。
（7）常用办公软件知识。
（8）网络与信息安全。

2.2.3 相关法律、法规知识

（1）《中华人民共和国劳动合同法》相关知识。
（2）《中华人民共和国安全生产法》相关知识。
（3）《中华人民共和国网络安全法》相关知识。
（4）《中华人民共和国个人信息保护法》相关知识。
（5）《中华人民共和国知识产权法》相关知识。
（6）《网络安全等级保护条例》相关知识。

3. 工作要求

本标准对初级、中级、高级的专业能力要求和相关知识要求依次递进，高级别涵盖低级别的要求。

3.1 初级

职业功能	工作内容	专业能力要求	相关知识要求
1. 数字化组织管理	1.1 配置组织架构	1.1.1 能根据数字化平台通讯录的标准格式处理组织信息 1.1.2 能导入员工有关信息，实现全员实名在线 1.1.3 能整理、汇总和分析组织的权责利关系 1.1.4 能根据组织职务、职责，配置部门、员工、角色、权限等信息 1.1.5 能调试数字化管理软件中的应用，实现正确调用组织架构	1.1.1 数字化组织管理原理 1.1.2 数字化组织管理优势 1.1.3 通讯录基础知识 1.1.4 组织架构知识 1.1.5 组织管理权限知识 1.1.6 软件账号基础知识 1.1.7 企业级软件与个人社交软件的区别
	1.2 管理组织架构	1.2.1 能自动生成员工人数，并进行结构性统计分析 1.2.2 能在线管理员工的入职、转正、合同、离职、休假等环节，并更新通讯录状态 1.2.3 能使用数字化管理软件配置基础考勤 1.2.4 能使用蓝牙、指纹、人脸识别考勤机等硬件设备采集考勤数据	1.2.1 员工管理基础知识 1.2.2 考勤基础知识 1.2.3 硬件设备操作方法

续表

职业功能	工作内容	专业能力要求	相关知识要求
2. 数字化沟通管理	2.1 建立沟通平台	2.1.1 能建立沟通平台，实现员工、部门之间的在线沟通 2.1.2 能建立清晰、友好的沟通界面，分类管理各种沟通群组 2.1.3 能操作常用群工具，建立活跃的群沟通氛围 2.1.4 能将应用通知、即时消息、系统通知聚合在同一消息界面	2.1.1 数字化沟通原则 2.1.2 沟通群组的运营方法
	2.2 传递沟通信息	2.2.1 能通过电话、短信等方式提醒接收者查阅消息 2.2.2 能使用在线文字、语音、视频、直播等多种工具开展沟通 2.2.3 能使用公告、置顶等多种方法发布群组消息通知 2.2.4 能快速检索文件、图片、聊天记录等信息 2.2.5 能编辑发布图文混排消息，提高沟通效果	2.2.1 数字化沟通典型工具 2.2.2 数字化沟通方法技巧 2.2.3 数字化沟通典型场景
	2.3 保障沟通安全	2.3.1 能根据个人用户需求，配置安全沟通环境 2.3.2 能根据群组的用途，配置安全沟通环境 2.3.3 能使用加密工具保障个人沟通安全 2.3.4 能识别沟通安全隐患	2.3.1 沟通安全的基础知识 2.3.2 沟通安全的基本原则 2.3.3 加密工具的使用方法
3. 数字化协同管理	3.1 人员协同	3.1.1 能设置自定义标签、分类规则，实现人员检索 3.1.2 能模糊搜索通讯录，并通过组织架构关系、部门描述、职责描述等信息找到相关人员	3.1.1 数字化协同的基础知识 3.1.2 人员标签管理知识

续表

职业功能	工作内容	专业能力要求	相关知识要求
3. 数字化协同管理	3.2 文件协同	3.2.1 能建立文件协同管理的基础主页，并制订共享规则、权限规则 3.2.2 能在线发起、编辑、存储、分享、查询文件 3.2.3 能根据需求选择并使用文档类、表格类、思维导图类的协同软件和工具	协同办公基础知识
	3.3 会议协同	3.3.1 能预约、邀请、发起、维护在线语音、视频会议 3.3.2 能分享、录制屏幕信息，共享桌面，记录分享会议纪要	3.3.1 在线会议的价值 3.3.2 在线会议管理知识
	3.4 工作流协同	3.4.1 能通过工具记录、查询、共享组织内人员日程和工作安排 3.4.2 能在线生成、发送、记录待办工作 3.4.3 能使用数字化流程设计的工具，创建在线表单，提升审批协作效率 3.4.4 使用日志类工具，创建日志模板，优化组织汇报制度	3.4.1 工作协同的基础知识 3.4.2 流程的典型类型 3.4.3 在线表单与传统表单的区别 3.4.4 在线表单配置方法 3.4.5 日志模板的配置方法
4. 数字应用开发管理	4.1 选择服务方案	4.1.1 能根据业务预算和需求，选择数字化服务的方案模式（IaaS/PaaS/SaaS①） 4.1.2 能根据需求，找到对应的典型 SaaS 软件 4.1.3 能根据需求，选择匹配的低代码软件	IaaS/PaaS/SaaS 产品知识
	4.2 提供解决方案	4.2.1 能完成 SaaS 软件的应用初始化，包括数据导入、权限匹配、流程测试、数据联动等 4.2.2 能使用低代码工具搭建并发布应用 4.2.3 能在 0 代码模式下搭建门户首页，个性化配置常用应用	4.2.1 配置软件的基础知识 4.2.2 自建应用的初级知识

① 本《标准》涉及术语定义详见附录。

续表

职业功能	工作内容	专业能力要求	相关知识要求
4. 数字应用开发管理	4.3 建立业务平台	4.3.1 能提出业务软件在同一平台的基础方案 4.3.2 能实现人事、财务的常用功能数据互通，减少人工数据链接动作 4.3.3 能操作人事、财务、项目管理、供应链管理等常用数字化软件的基础功能	4.3.1 数字化平台基础知识 4.3.2 财务等岗位相关知识
	4.4 提供软件运维服务	4.4.1 能制作员工版本的软件说明文档 4.4.2 能登录管理后台，完成常用功能与权限的配置与修改	4.4.1 说明文档的制作方法 4.4.2 管理后台的操作方法
5. 数据管理	5.1 采集数据	5.1.1 能操作数据采集的常用软件、硬件，通过配置基础字段完成数据采集 5.1.2 能发现数据采集时的报错和异常问题	5.1.1 数据收集知识 5.1.2 软硬件数据采集方法
	5.2 分析数据	5.2.1 能利用软件自带的数据功能，导出自动生成的数据报表、图形报表 5.2.2 能制订推送规则，将数据报表推送给使用者	5.2.1 数据分析工具知识 5.2.2 数据可视化基础知识

3.2 中级

职业功能	工作内容	专业能力要求	相关知识要求
1. 数字化组织管理	1.1 配置组织架构	1.1.1 能配置组织架构的高级模式，实现父级-子级组织关联，通讯录、流程互访 1.1.2 能设置外包部门、实习员工、保密部门等的组织架构，实现组织、权限隔离 1.1.3 能配置与数字化软件数据打通的网络类硬件设备，实现组织内员工和设备无障碍互访	1.1.1 组织架构的典型模式 1.1.2 关联组织知识 1.1.3 组织权限的应用知识 1.1.4 权限的设置办法 1.1.5 网络类硬件设备知识

续表

职业功能	工作内容	专业能力要求	相关知识要求
1. 数字化组织管理	1.2 管理组织架构	1.2.1 能配置高级模式的考勤模式，实现多时段、多班组考勤 1.2.2 能操作培训应用，构建线上线下相结合的培训模式，实现培训课程与员工能力层级智能关联 1.2.3 能操作薪酬软件，实现薪酬数据自动计算，安全、高效地发送工资条 1.2.4 能设计、采集、处理绩效考评的数据，实现自动推送和查询	1.2.1 数字化人力资源管理的价值 1.2.2 考勤管理知识 1.2.3 培训软件知识 1.2.4 薪酬软件知识 1.2.5 绩效软件知识
2. 数字化沟通管理	2.1 建立沟通平台	2.1.1 能配置通知推送功能，将不同应用、跨平台的软件消息通知集成到同一消息页面 2.1.2 能解决应用通知、即时消息、系统通知不在同一消息界面等问题	2.1.1 沟通平台的价值 2.1.2 推送信息基础知识
	2.2 传递沟通信息	2.2.1 能配置问答机器人、数据机器人等群插件工具，实现群机器人自动沟通问答模式 2.2.2 能建立专属用途的沟通消息组，在消息界面插入高频应用，提升效率 2.2.3 能组合多种沟通工具，实现信息高效传递	2.2.1 群机器人等群插件知识 2.2.2 消息组知识 2.2.3 消息组插件知识 2.2.4 数字化沟通典型场景
	2.3 保障沟通安全	2.3.1 能通过配置应用，规避沟通中各类信息截取、截获、身份欺骗的行为 2.3.2 能加密组织沟通信息 2.3.3 能纠正和防范沟通风险	2.3.1 安全沟通环境的重要性 2.3.2 各类沟通界面的安全管理办法 2.3.3 数据加密知识

续表

职业功能	工作内容	专业能力要求	相关知识要求
3. 数字化协同管理	3.1 文件协同	3.1.1 能按部门、项目等需求管理存储空间位置和容量 3.1.2 能建立文件协同主页，配置文件获取、更新的规则，实现动态更新 3.1.3 能建立分层、分角色的文档权限体系	3.1.1 常用协同软件和工具 3.1.2 文档管理的基础知识 3.1.3 文档的权限管理知识
	3.2 会议协同	3.2.1 能配置会议软件的日程、任务、场地、纪要等功能，实现在线化全流程管理 3.2.2 能为大规模、跨组织、线上线下混合等会议场景提供会议管控保障 3.2.3 能配置会议类智能硬件设备，连接相关软件，实现硬件和软件数据联动	3.2.1 大规模会管会控知识 3.2.2 会议类智能硬件设备操作方法
	3.3 工作流协同	3.3.1 能分析、绘制企业流程管理图，配置在线化流程 3.3.2 能对流程进行分级、分类、分权限管理	3.3.1 制度、流程、组织、信息技术等关联 3.3.2 流程管理图绘制方法
4. 数字应用开发管理	4.1 选择服务方案	4.1.1 能分析业务需求，制作需求文档 4.1.2 能根据软件功能需求，输出解决方案文档	4.1.1 需求分析的具体方法 4.1.2 匹配解决方案的判断方法（成本、时间、复杂度）
	4.2 提供解决方案	4.2.1 能通过应用搭建平台以 0 代码、低代码的方式创建流程、页面、表单 4.2.2 能制订典型应用、典型接口的连接器方案 4.2.3 能制订常用业务系统与审批流程互通方案 4.2.4 能搭建具有本组织特色的数字化门户，自定义工作台，分类管理应用	4.2.1 自建应用的价值 4.2.2 流程、表单、页面的区别 4.2.3 低代码常用函数 4.2.4 连接器知识 4.2.5 集成开发的基础 4.2.6 自定义工作台知识

续表

职业功能	工作内容	专业能力要求	相关知识要求
4. 数字应用开发管理	4.3 建立业务平台	4.3.1 能建设数字化人力资源管理平台，实现数字化的人事、招聘、培训、绩效、文化管理等 4.3.2 能根据经营决策需求，建设数字化财务管理平台，实现数字化的应收应付、成本核算、财务报表等 4.3.3 能建设数字化项目管理平台，实现文件管理、进度管理、任务指派自动化 4.3.4 能建设数字化供应链管理平台，接入内外部人员和流程，实现供应商管理、采购管理、销售、仓储自动化	4.3.1 数字化管理师与业务岗位的分工与协作知识 4.3.2 数字化人力资源管理知识 4.3.3 数字化财务管理知识 4.3.4 数字化项目管理知识 4.3.5 数字化供应链管理知识
	4.4 提供软件运维服务	4.4.1 能委托第三方软件公司定制化开发，提出需求、验收项目 4.4.2 能开展新流程、新文化、新工具的培训 4.4.3 能日常维护与更新软件，确保使用顺畅	4.4.1 定制与集成的方法 4.4.2 软件培训的方法 4.4.3 软件维护的方法
5. 数据管理	5.1 采集数据	5.1.1 能配置数据采集工具高级模式下的字段和组件 5.1.2 能根据需求选择数据收集工具 5.1.3 能自建独立页面的表单，收集个性化需求的数据 5.1.4 能解决数据采集中的滞后、不准确等问题	5.1.1 数据库基础知识 5.1.2 在管理中数据时效性和准确性知识
	5.2 分析数据	5.2.1 能建立数据分析看板，进行实时、有效、精准的数据结果展示 5.2.2 能建立跨部门、跨业务的数据联动模式，实现数据上下游互联互通互操作 5.2.3 能使用系统组件建立分析数据模型	5.2.1 管理者数据驾驶舱、可视化数据看板知识 5.2.2 数据表单关联、数据接口知识

3.3 高级

职业功能	工作内容	专业能力要求	相关知识要求
1. 数字化组织管理	1.1 配置组织架构	1.1.1 能根据产业链需求，构建产业级组织架构 1.1.2 能建立上下游组织之间的虚拟架构，实现相关流程和应用互通	1.1.1 产业互联网知识 1.1.2 组织行为学知识
	1.2 管理组织架构	1.2.1 能重构组织架构，引入数字化部门、工作职责，为数字化转型提供组织保障 1.2.2 能发起战略升级、文化升级，推动数字化组织转型 1.2.3 能制订绩效保障方案，设定组织、部门、人员的数字化转型关键指标	1.2.1 组织变革知识 1.2.2 组织文化升级知识
2. 数字化平台管理	2.1 流程重塑	2.1.1 能发现管理中的冗余环节、滞后环节，实现流程优化 2.1.2 能制订流程优化的方案，降低时间成本 2.1.3 能借助数字化技术，实现数据互联、流程互联 2.1.4 能确定流程改造目标，并评估流程改造的价值	2.1.1 流程优化知识 2.1.2 流程重塑知识 2.1.3 流程评估与指标知识

续表

职业功能	工作内容	专业能力要求	相关知识要求
2. 数字化平台管理	2.2 平台管理	2.2.1 能制订平台升级方案，实现组织架构、沟通、协作等在同一平台上的整合 2.2.2 能制订平台迁移方案，实现业务流程、数据等在同一平台上的整合 2.2.3 能集成相关软件和硬件设备，实现数据、账号、平台统一 2.2.4 能制订连接器和 API 接口方案，实现财务系统直接调用业务系统数据和人员系统数据 2.2.5 能应对常见网络安全攻击并维护系统安全	2.2.1 企业操作系统知识 2.2.2 数据中台知识 2.2.3 业务中台知识
3. 数据管理	3.1 设置数字化管理指标	3.1.1 能制订组织管理和业务经营管理数字化改进的关键指标 3.1.2 能设置关键改进的过程指标和结果指标 3.1.3 在目标达成过程中，能根据现实环境对数据指标进行及时的优化处理	3.1.1 设计数据指标的方法 3.1.2 指标开发的流程和建立指标地图的方法
	3.2 推动数据决策	3.2.1 能基于数据分析发现业务管理中的关键问题 3.2.2 能推动全体管理者决策模式升级，实现以数据为基础的管理决策	3.2.1 数据分析方法 3.2.2 数据与业务关联知识 3.2.3 数据与决策关联知识

续表

职业功能	工作内容	专业能力要求	相关知识要求
4. 咨询服务	4.1 诊断与分析	4.1.1 能发现行业在数字化产业链中的机会与挑战，并输出行业现状分析报告 4.1.2 能找到本组织的数字化关键点，并输出数字化分析报告 4.1.3 能运用相关工具测量各项工作的数字化程度	4.1.1 市场环境分析方法 4.1.2 数字化程度测量工具知识
	4.2 输出方案	4.2.1 能制订数字化转型的总体战略规划 4.2.2 能拆解规划，制订短期、中长期的分步实施方案 4.2.3 能制订所在行业的数字化解决方案	4.2.1 战略管理知识 4.2.2 数字化转型方法论
	4.3 提供指导与培训	4.3.1 能制订人才能力提升培训方案 4.3.2 能制作培训大纲、教案等培训资源 4.3.3 能使用培训材料开展对技术人员、管理人员的专业能力培训	4.3.1 培训知识 4.3.2 人才能力模型知识

4. 权重表

4.1 理论知识权重表

项目 \ 专业技术等级		初级（%）	中级（%）	高级（%）
基本要求	职业道德	5	5	5
	基础知识	20	15	10
相关知识要求	数字化组织管理	20	15	20
	数字化沟通管理	15	10	—
	数字化协同管理	15	10	—
	数字化应用开发管理	15	25	—
	数据管理	10	20	20
	数字化平台管理	—	—	20
	咨询服务	—	—	25
合计		100	100	100

4.2 专业能力要求权重表

项目 \ 专业技术等级		初级（%）	中级（%）	高级（%）
专业能力要求	数字化组织管理	25	20	25
	数字化沟通管理	25	15	—
	数字化协同管理	20	20	—
	数字化应用开发管理	10	25	—
	数据管理	20	20	20
	数字化平台管理	—	—	25
	咨询服务	—	—	30
合计		100	100	100

5. 附录

中英文术语对照表

序号	英文	中文
1	IaaS（infrastructure as a service）	基础设施即服务，指把IT基础设施作为一种服务通过网络对外提供，并根据用户对资源的实际使用量或占用量进行计费的一种服务模式
2	PaaS（platform as a service）	平台即服务，所谓PaaS实际上是指将软件研发的平台作为一种服务，以SaaS的模式提交给用户。因此，PaaS也是SaaS模式的一种应用
3	SaaS（software as a service）	软件即服务，即通过网络提供软件服务。SaaS平台供应商将应用软件统一部署在自己的服务器上，客户可以根据工作实际需求，通过互联网向厂商定购所需的应用软件服务，按订购服务的多少和时间长短向厂商支付费用，并通过互联网获得SaaS平台供应商提供的服务
4	APP	应用，一般指手机和平板电脑的应用。本文特指各类运行的软件或系统，在移动端、电脑端的平台上有独立入口，即可视为一个应用